Inhaltsverzeichnis

Wiederholung

Die Zahlen bis 100

Addieren und Subtrahieren bis 100

Multiplizieren

Die Zahlen in den Farbfeldern beziehen sich auf die Kapitel im Schülerbuch.

Dividieren

Übungen im Zahlenraum bis 100

Denke dir eigene Aufgaben aus.

Diese Aufgaben sind etwas schwieriger.

Hier wird geknobelt.

Löse diese Aufgabe mit deinem Partner.

Farberläuterung

- Zahlen und Operationen
- Raum und Form
- Muster und Strukturen
- Größen und Messen
- Daten, Zufall und Wahrscheinlichkeit
- Wiederholung

1 Was passt zusammen? Verbinde Foto, Frage und Rechnung.

Wie viele Eiskugeln sind es zusammen?

Wie viele Leute sind auf dem Foto?

Warum gibt es keine Spatzen auf dem Foto?

Welche Eissorten gibt es zu kaufen?

Wie viele Tauben bleiben übrig?

18 – 3 =

3 + 9 =

17 – 5 =

9 + 5 =

12 – 2 =

6 + 8 =

2 Welche Rechengeschichte passt zu der Aufgabe? Schreibe oder male.

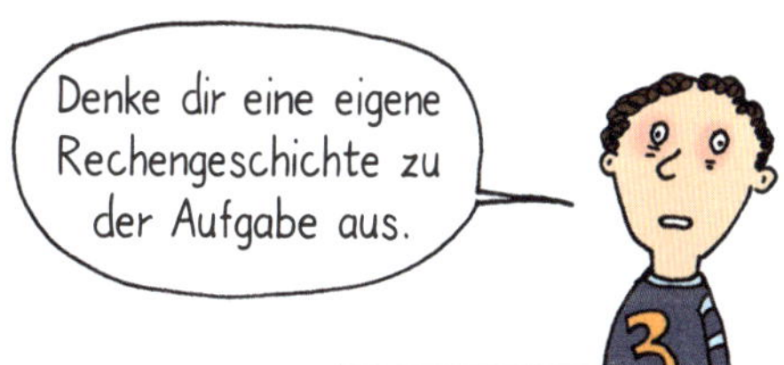

18 – 7 =

4 + 9 =

a)

b)

1 Rechne.

a) 11 + 5 = ☐
6 + 14 = ☐
7 + 8 = ☐

b) 9 + 6 = ☐
16 + 3 = ☐
8 + 9 = ☐

c) 12 + 7 = ☐
14 + 6 = ☐
13 + 5 = ☐

d) 5 + 8 = ☐
12 + 8 = ☐
17 + 2 = ☐

2 Rechne.

a) 18 – 7 = ☐
11 – 8 = ☐
15 – 9 = ☐

b) 9 – 7 = ☐
17 – 3 = ☐
10 – 6 = ☐

c) 12 – 4 = ☐
13 – 8 = ☐
16 – 8 = ☐

d) 17 – 6 = ☐
18 – 5 = ☐
20 – 8 = ☐

3 Rechne und setze fort.

a) 1 + 2 = ☐
2 + 3 = ☐
3 + ☐ = ☐
☐ + ☐ = ☐
☐ + ☐ = ☐

b) 13 + 2 = ☐
13 + 3 = ☐
13 + ☐ = ☐
☐ + ☐ = ☐
☐ + ☐ = ☐

c) 17 – 5 = ☐
17 – 4 = ☐
17 – ☐ = ☐
☐ – ☐ = ☐
☐ – ☐ = ☐

4 Welche Aufgabe passt nicht in die Aufgabenreihe? Verbessere und rechne.

a) 4 + 10 = ☐
5 + 11 = ☐
6 + 12 = ☐
7 + 15 = ☐

b) 17 – 1 = ☐
17 – 3 = ☐
17 – 4 = ☐
17 – 5 = ☐

c) 8 + 8 = ☐
7 + 7 = ☐
5 + 6 = ☐
5 + 5 = ☐

d) 19 – 6 = ☐
18 – 2 = ☐
17 – 4 = ☐
16 – 3 = ☐

5 Finde Fehler und verbessere sie.

a) 15 + 2 = 17
11 + 7 = 18
12 + 5 = 17
14 + 5 = 18

b) 8 + 6 = 15
7 + 4 = 11
9 + 6 = 15
10 + 7 = 17

c) 20 – 10 = 10
16 – 8 = 8
14 – 7 = 2
10 – 5 = 5

d) 18 – 4 = 14
19 – 7 = 12
16 – 5 = 13
15 – 4 = 11

1 Rechne und ergänze.

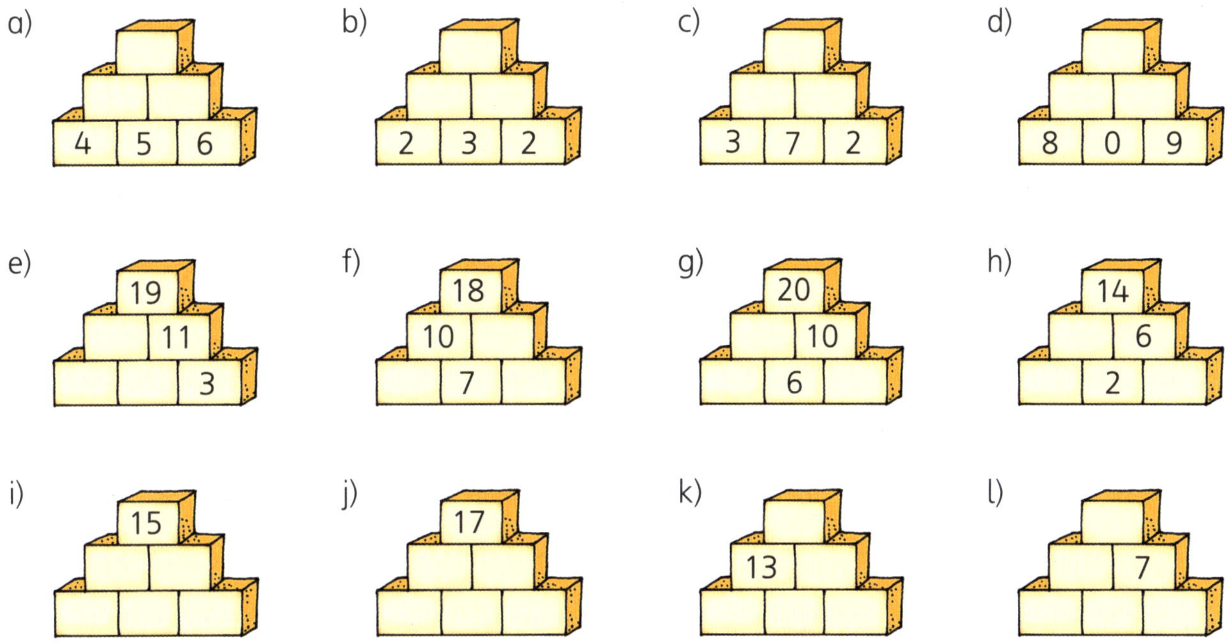

2 Rechne und ergänze.

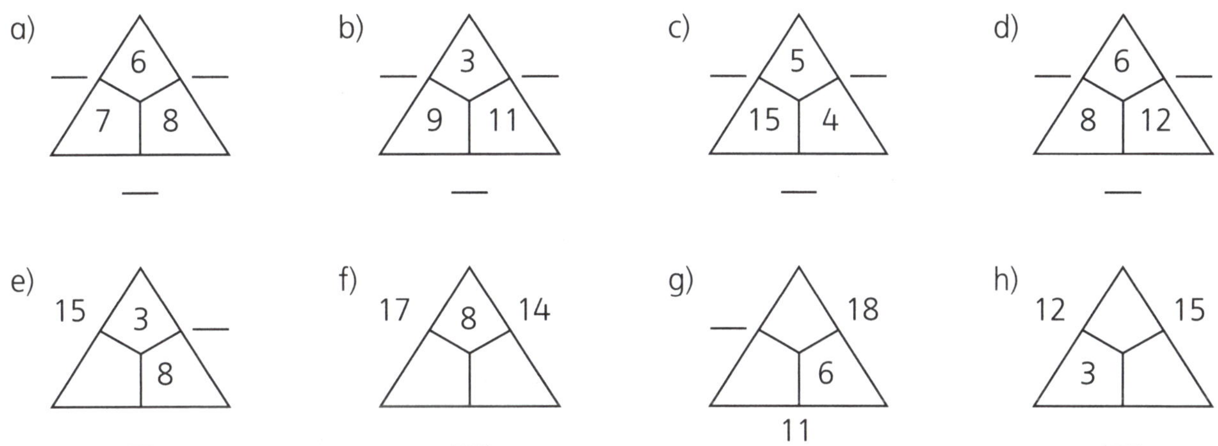

3 Ergänze die Aufgaben und rechne.

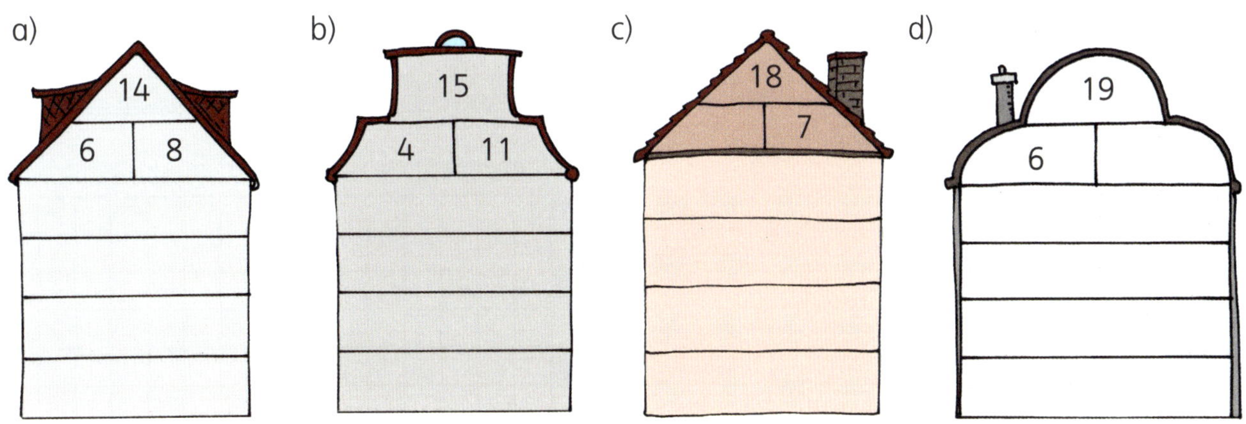

4 Muster und Parkettierungen

1 Baue nach und zeichne.

a)

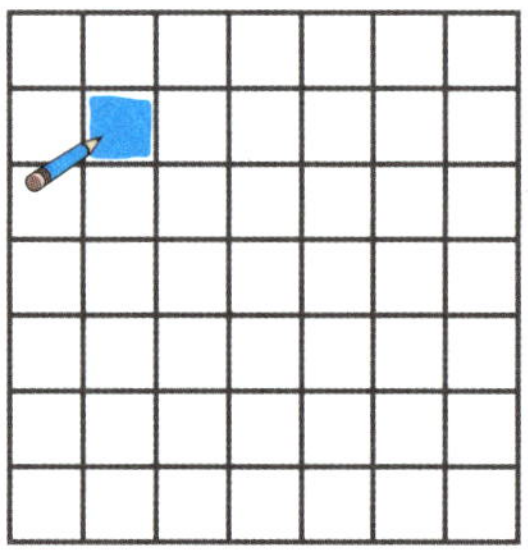

b)

c)

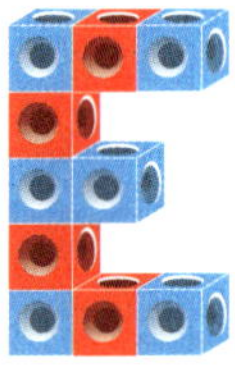

d)

2 Setze fort.

a)

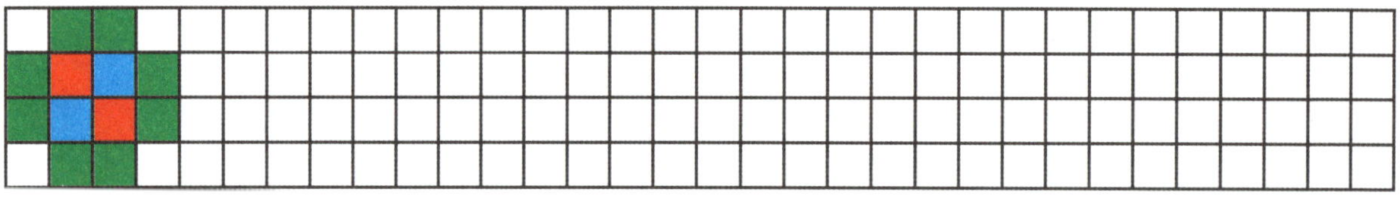

b)

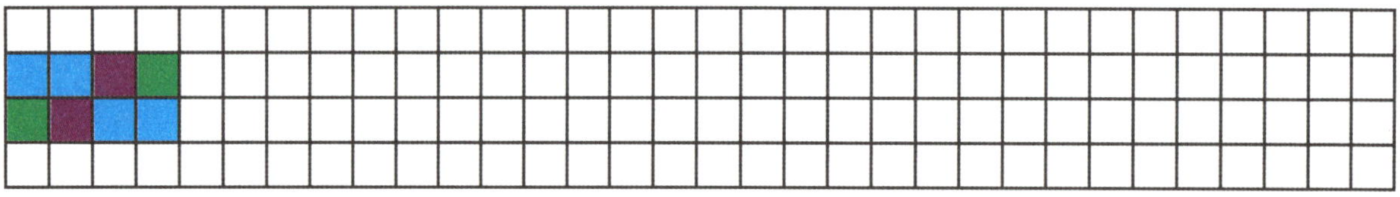

3 Erfinde ein eigenes Muster.

4 Ergänze das Muster in beide Richtungen.

1 Bündele immer 10. Bestimme die Anzahl der Zehner und Einer.

a)

Zehner	Einer

b)

Zehner	Einer

c)

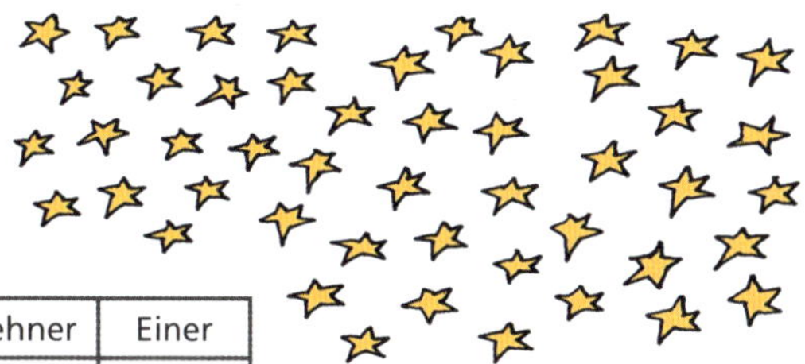

Zehner	Einer

d)

Zehner	Einer

2 Wie heißt die Zahl?

a)

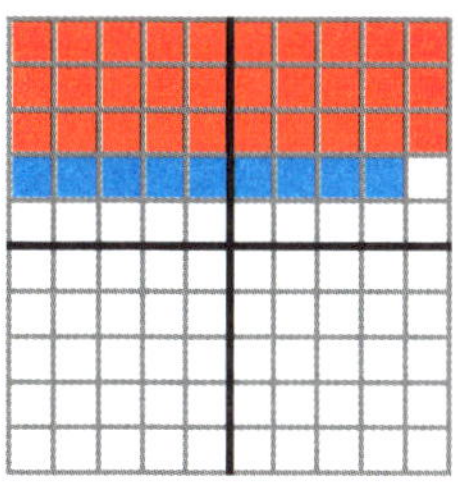

Z	E

b)

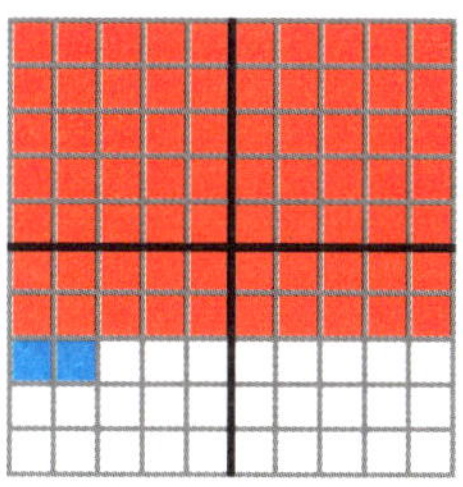

Z	E

c)

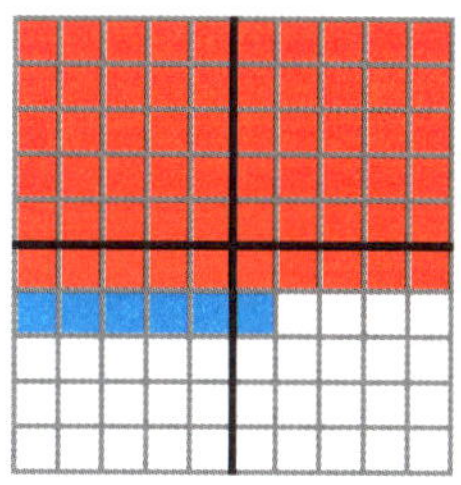

Z	E

d)

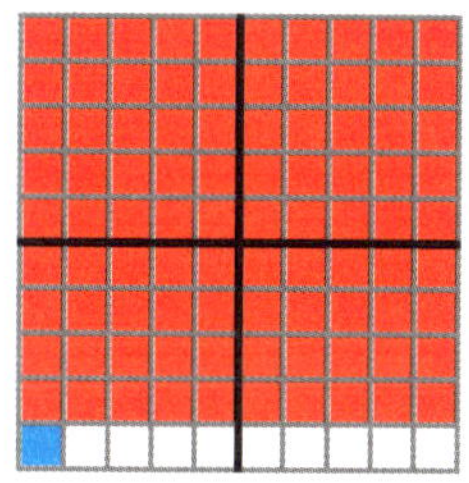

Z	E

3 Male die Zahlen am Hunderterfeld aus.

a)

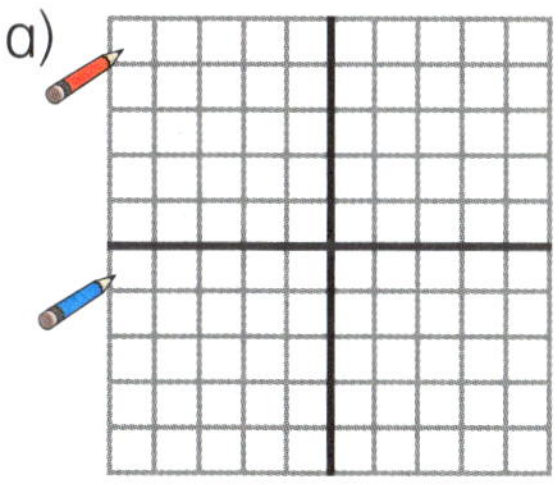

58

b)

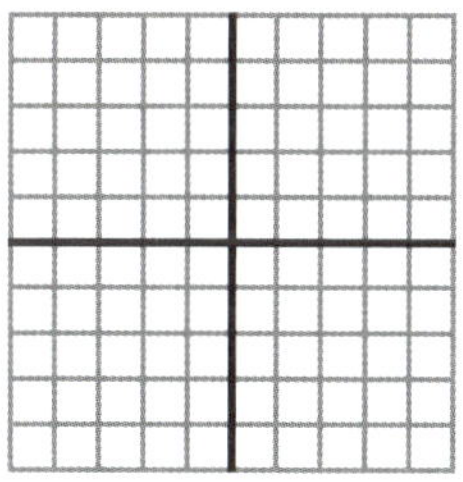

63

c)

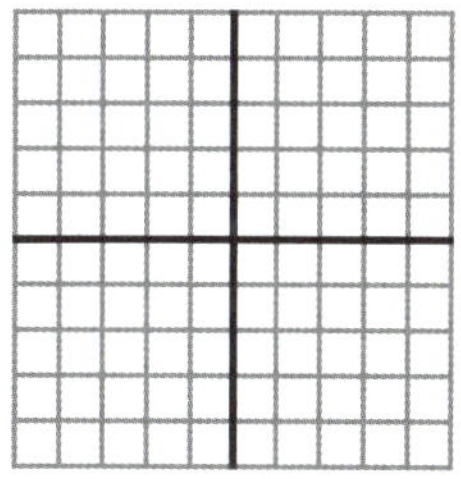

94

d)

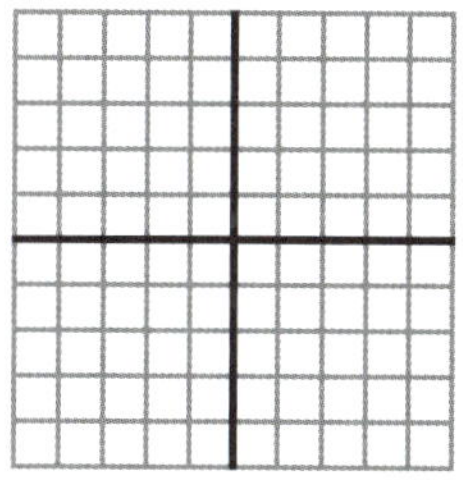

79

4 Wie heißt die Zahl?

a)

b)

c)

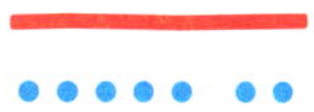

d)

1 Bilde Plusaufgaben, rechne und male.

a) 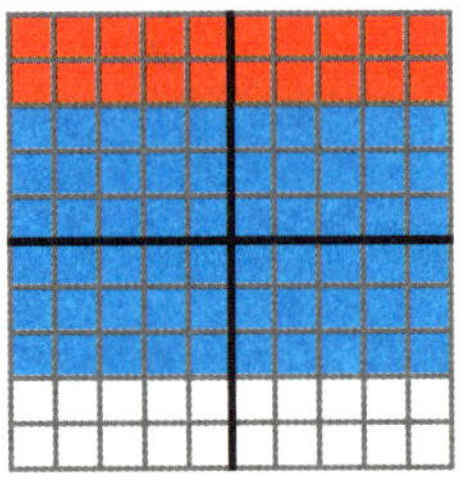

___ + ___ = ___

b) 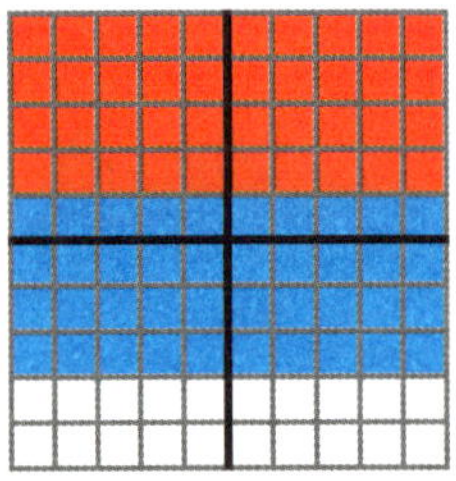

___ + ___ = ___

c) 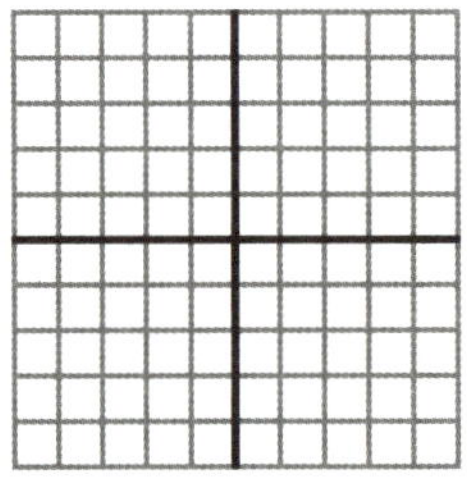

30 + 40 = ___

d) 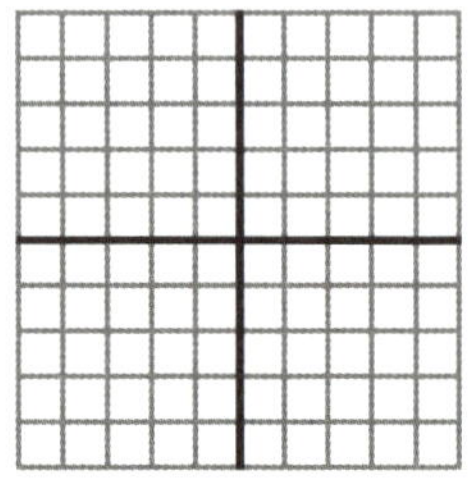

10 + 50 = ___

2 Bilde Minusaufgaben, rechne und male.

a) 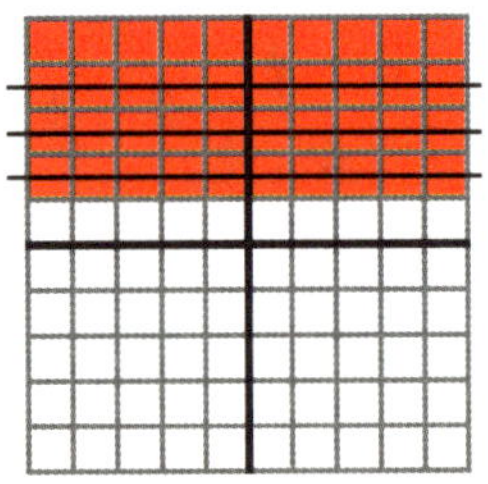

___ − ___ = ___

b) 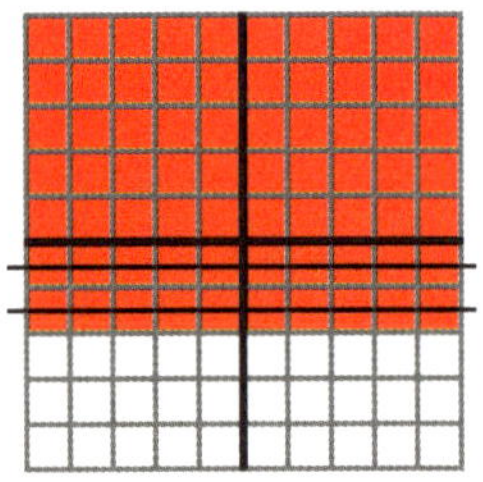

___ − ___ = ___

c) 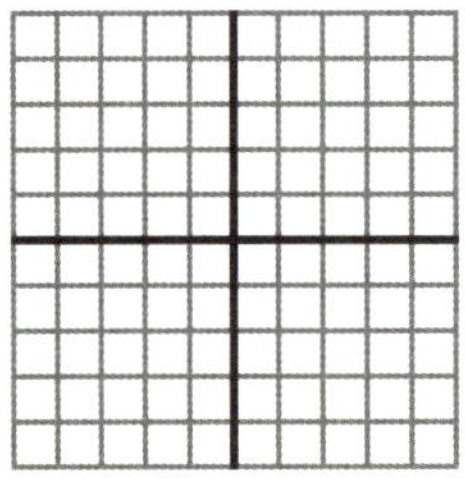

80 − 60 = ___

d) 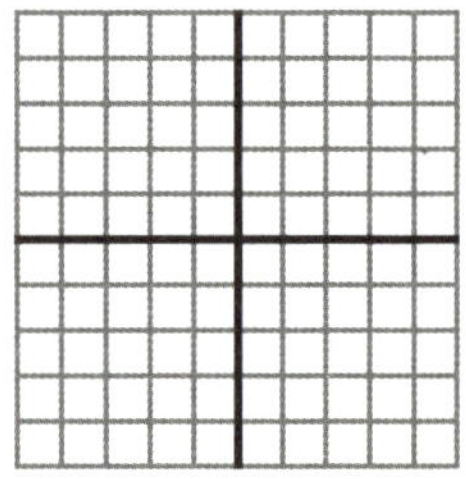

50 − 40 = ___

3 Setze fort und rechne.

a)
10 + 10 = ___
20 + 20 = ___
30 + ___ = ___
___ + ___ = ___

b)
20 + 70 = ___
20 + 60 = ___
___ + ___ = ___
___ + ___ = ___

b)
100 − 10 = ___
100 − 20 = ___
___ − ___ = ___
___ − ___ = ___

4 Berechne die Geldbeträge.

a) 

___ €

b) 

___ €

c) 

___ €

d) 

___ €

e) 

___ €

f) 

___ €

1 Ergänze die fehlenden Zahlen.

1	2	3	4	5	6	7	8	9	10
11									20
21		23	24	25	26	27	28		30
31		33					38		40
41		43		45	46		48		50
51		53		55	56		58		60
61		63					68		70
71		73	74	75	76	77	78		80
81									90
91		93	94	95	96	97	98	99	100

2 Male in der Hundertertafel von Aufgabe 1 aus.

a) Gehe von 10 aus immer 9 Einerschritte weiter und male diese Felder rot aus.

b) Gehe von 1 aus immer 11 Einerschritte weiter und male die Felder gelb aus.

c) Gehe von 10 aus immer 10 Einerschritte weiter und male die Felder grün aus.

3 Das sind Ausschnitte aus der Hundertertafel. Finde Fehler und male sie an.

a)

23	24	25
26	34	35
43	44	45

b)

56	57	58
66		
86	77	78

c)

62	63	64
72		74
82	84	83

d)

	62	73	74	
81	82	83	84	85
	92	93	94	

4 Ergänze die fehlenden Zahlen.

a)

11		
31		
		53

b)

	45	46	

c)

	15	

d)

		30
68		

8 Der Zahlenstrahl

1 Trage die Zahlen ein.

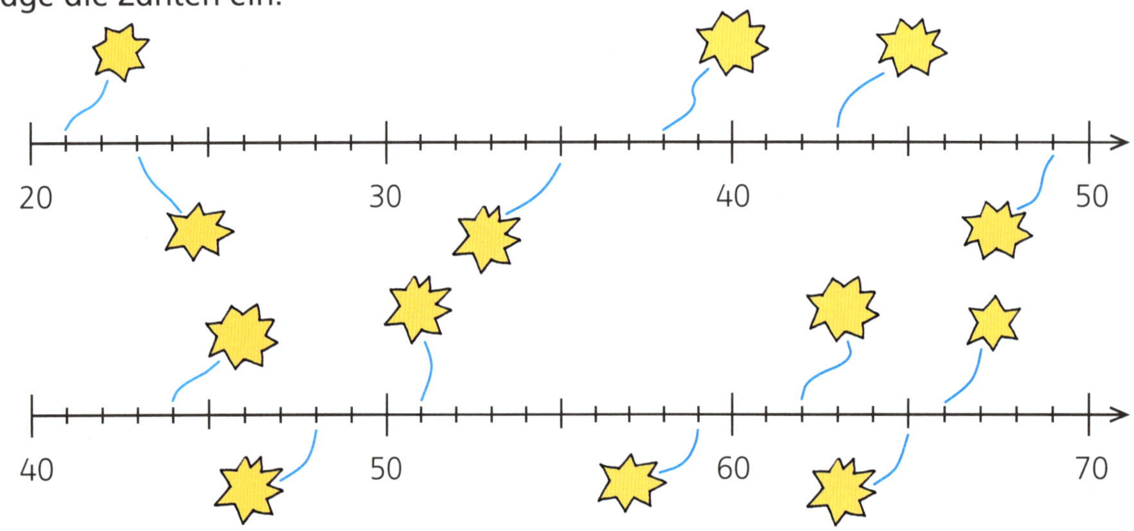

2 Setze passend zusammen.

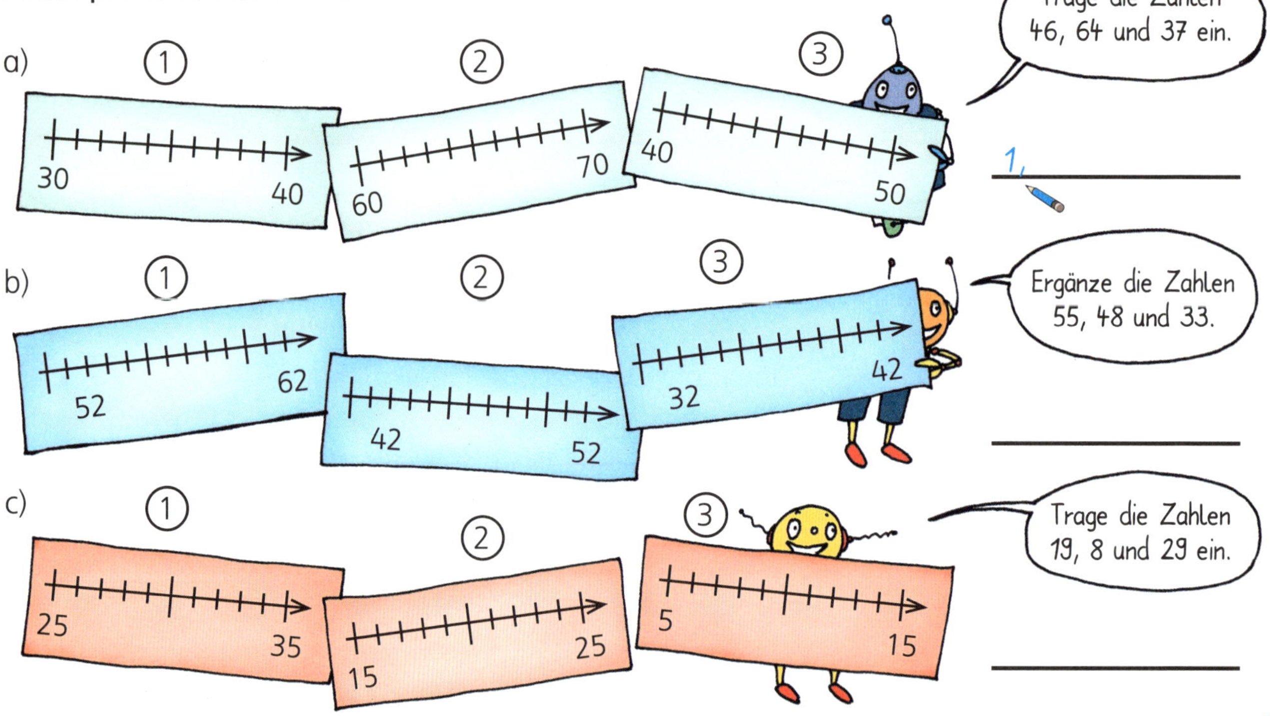

3 Sortiere und beginne mit der kleinsten Zahl.

17												
S												

1 Zeichne die Spiegelachse ein.

2 Spiegele die Muster.

a)

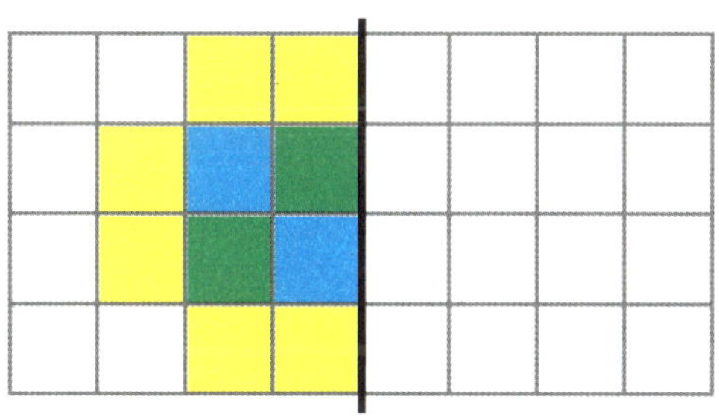

b)

c)

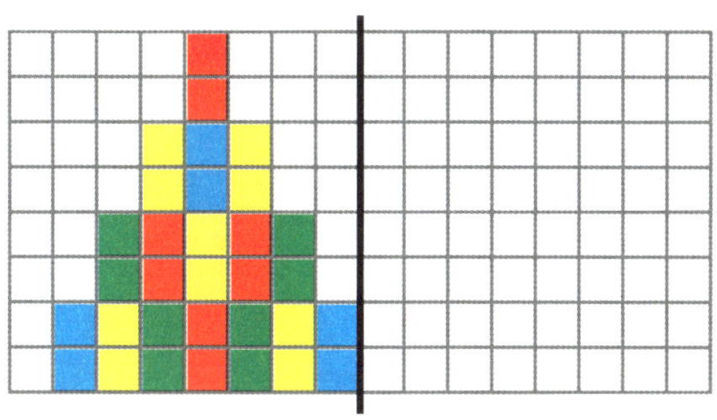

1 Was sieht Mia aus ihrem Fenster, was sieht Tom? Kreuze an.

	Mia	Tom
Reh		
Tannenbäume		
Wanderer		
Eichhörnchen		
Vogel		
Picknickplatz		
Wegweiser		
Waldrestaurant		
Fahrrad		

1 Bilde Plusaufgaben und rechne.

a) 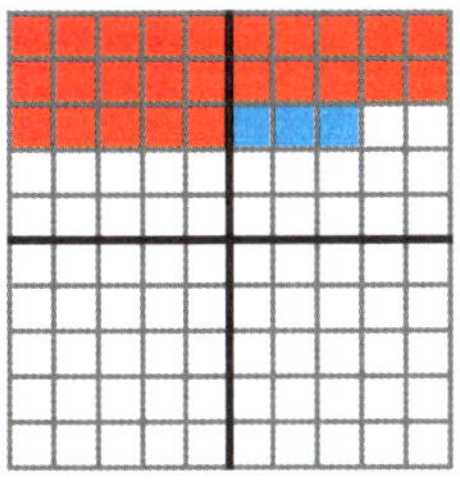
b) 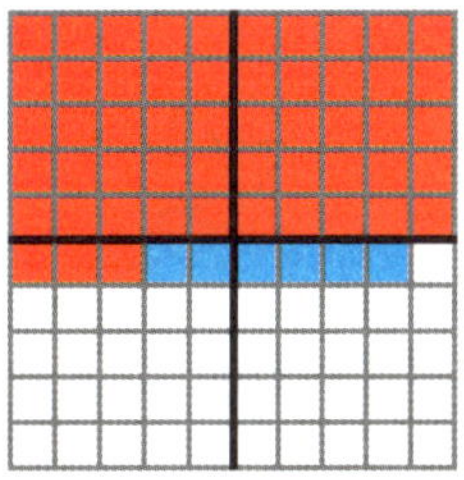
c) 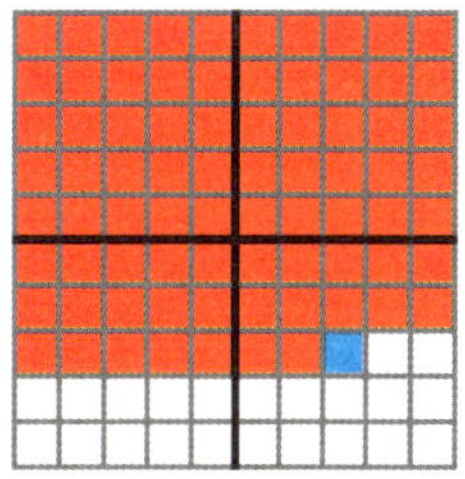
d) 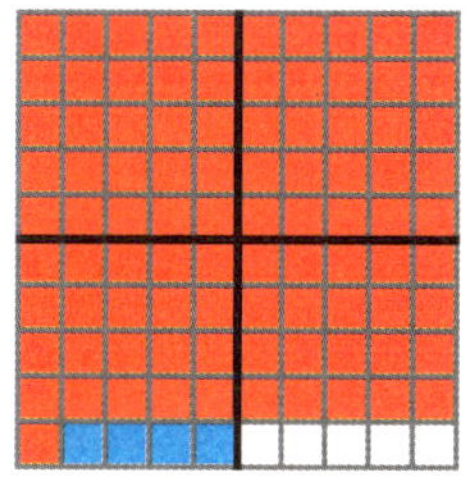

\+ =   \+ =   \+ =   \+ =

2 Male am Hunderterfeld aus und rechne.

a) 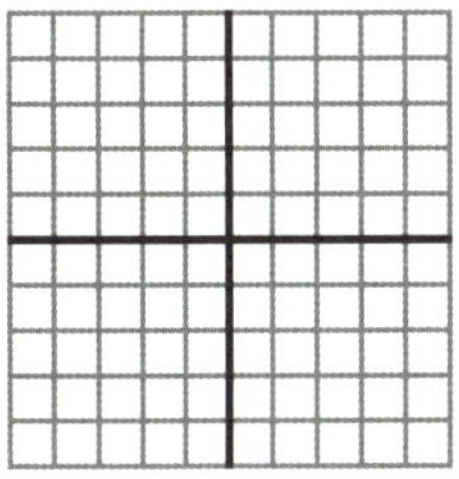
23 + 6 =

b) 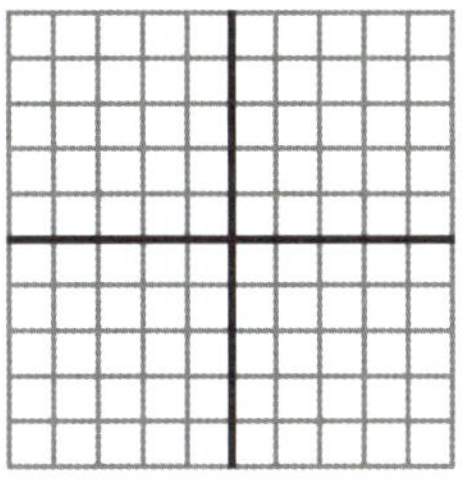
54 + 2 =

c) 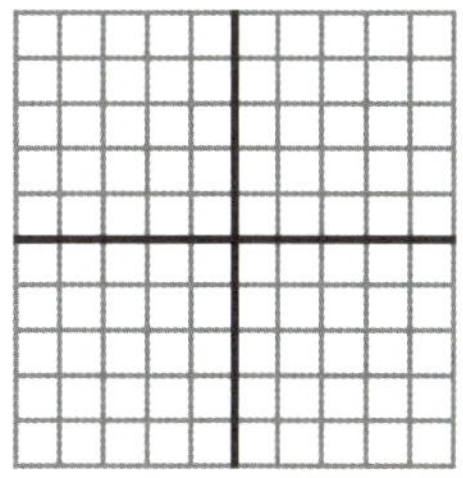
81 + 7 =

d) 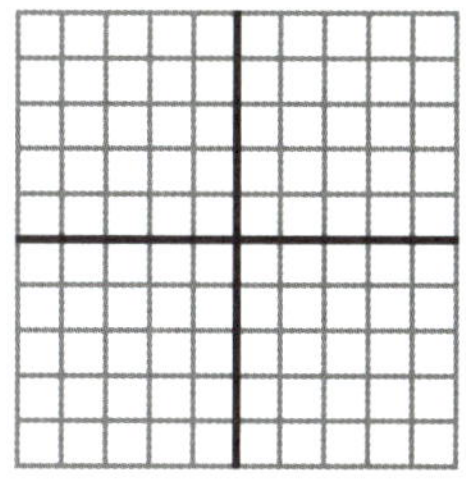
76 + 1 =

3 Bilde Minusaufgaben und rechne.

a) 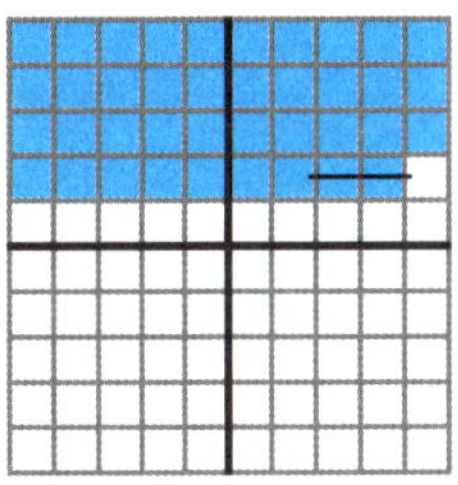
b) 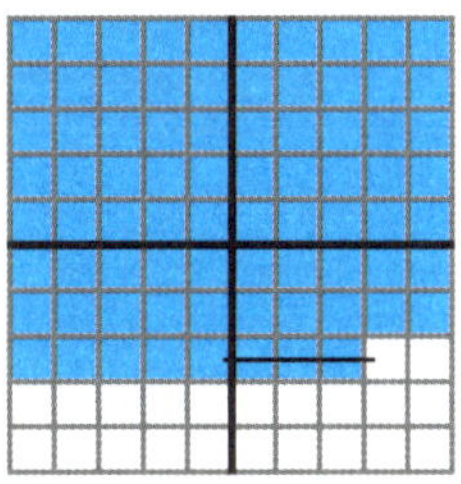
c) 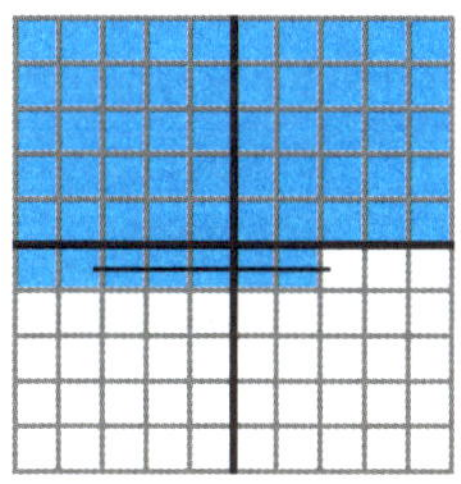
d) 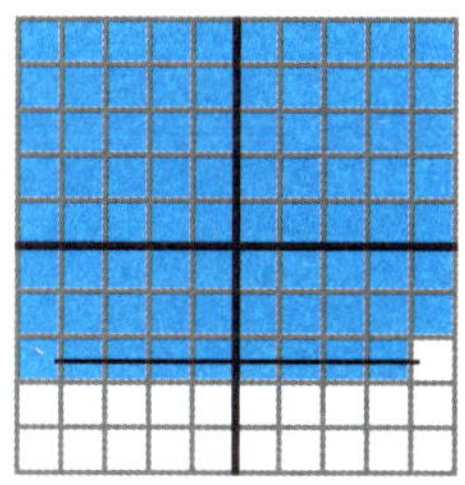

– =   – =   – =   – =

4 Male am Hunderterfeld aus, streiche durch und rechne.

a) 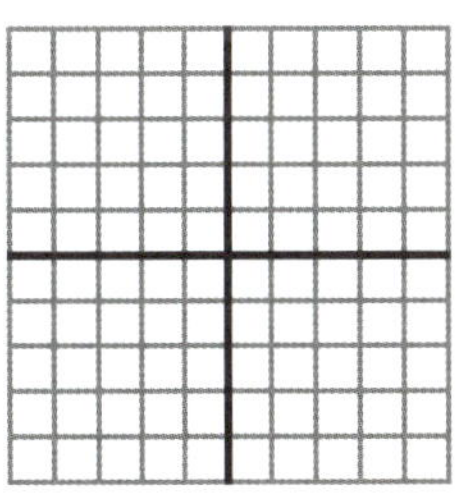
68 – 7 =

b) 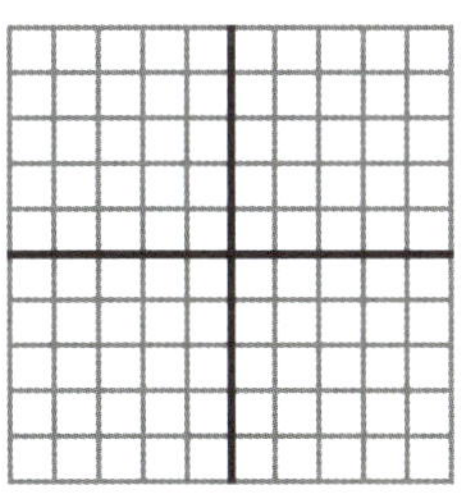
44 – 3 =

c) 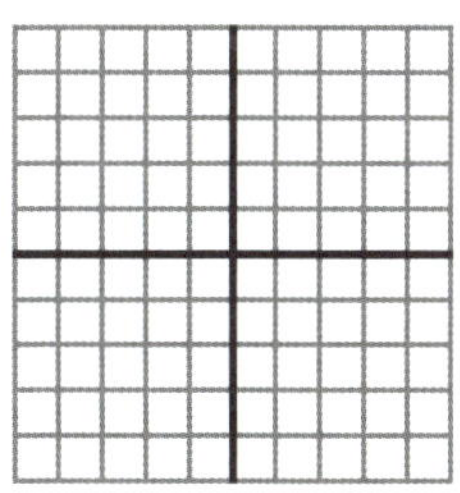
97 – 4 =

d) 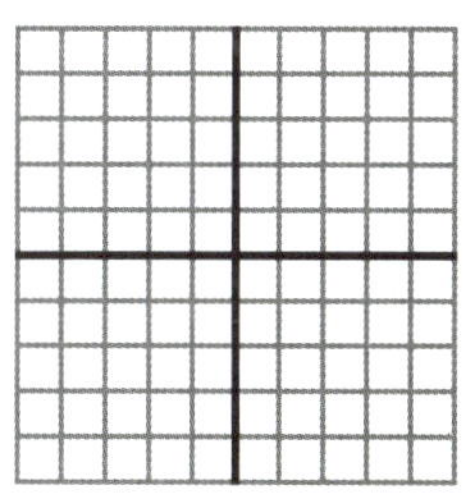
36 – 2 =

5 Rechne.

a) 76 + 3 =   b) 31 + 8 =   c) 97 – 6 =   d) 75 – 1 =

Rechnen mit Zehnerzahlen

1 Male die Nachbarzehner der Sternzahlen in der gleichen Farbe aus.

2 Ergänze bis zum nächsten Zehner.

a) 38 + ___ = 40	b) 64 + ___ = 70	c) 28 – ___ = 20	d) 93 – ___ = 90
42 + ___ = 50	85 + ___ = 90	71 – ___ = 70	57 – ___ = 50
73 + ___ = 80	46 + ___ = 50	44 – ___ = 40	86 – ___ = 80
91 + ___ = 100	27 + ___ = 30	35 – ___ = 30	62 – ___ = 60

3 Bilde Plusaufgaben und rechne.

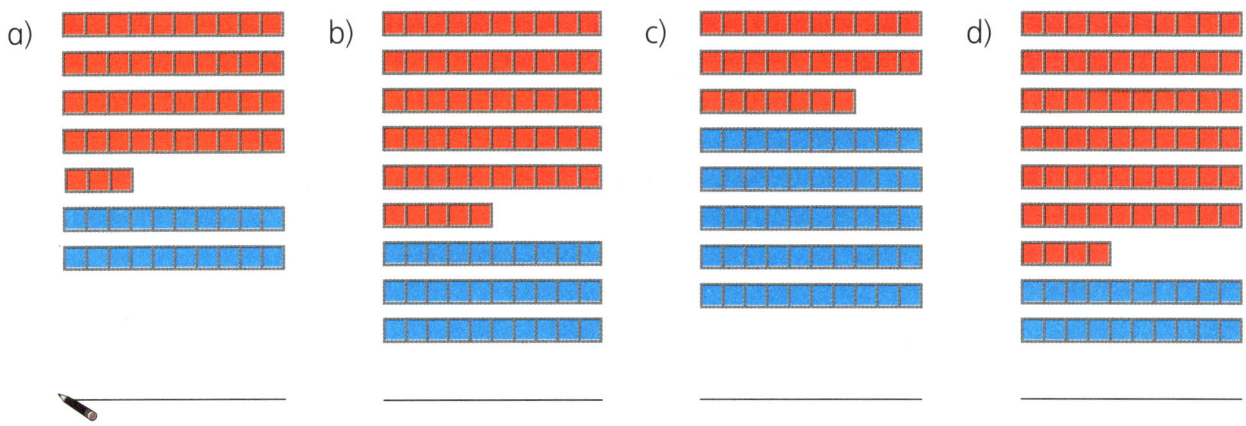

4 Bilde Minusaufgaben und rechne.

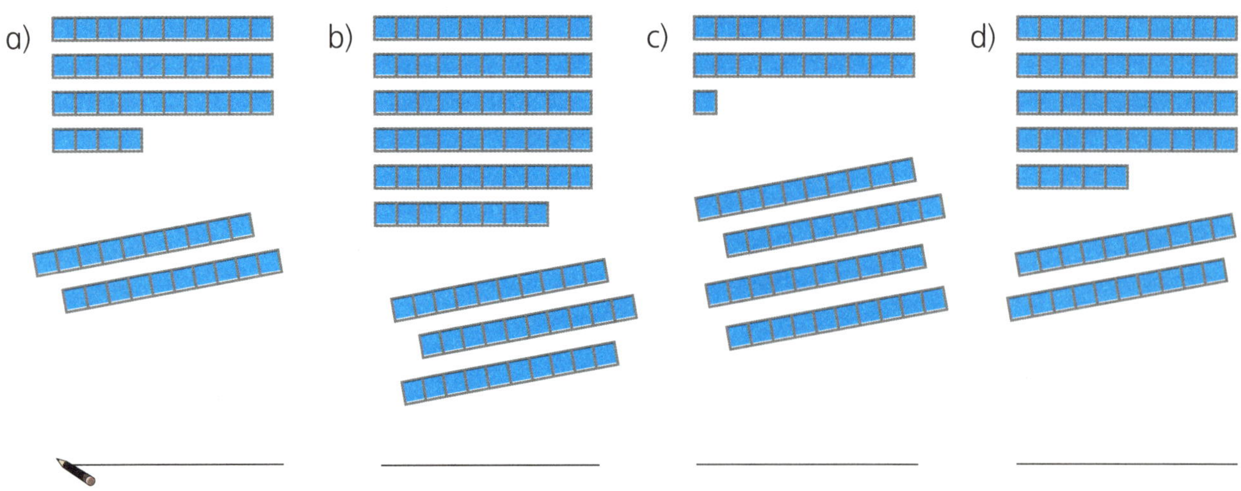

1 Wie rechnest du? Zeichne am Zahlenstrahl ein.

43 + 8 =

a) 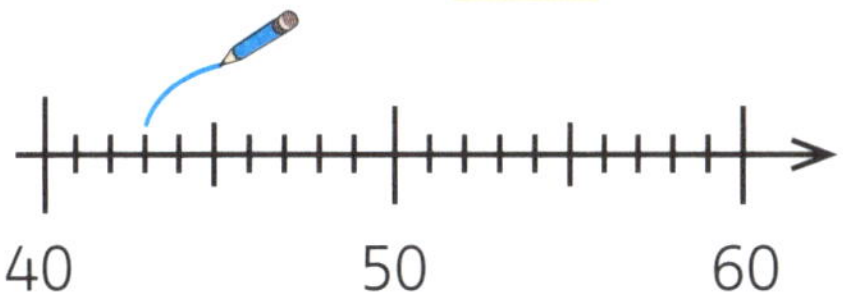

67 + 5 =

b) 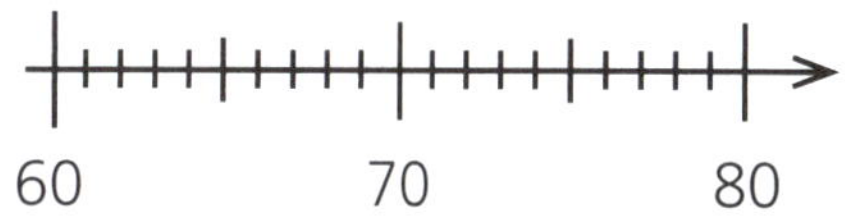

56 + 7 =

c) 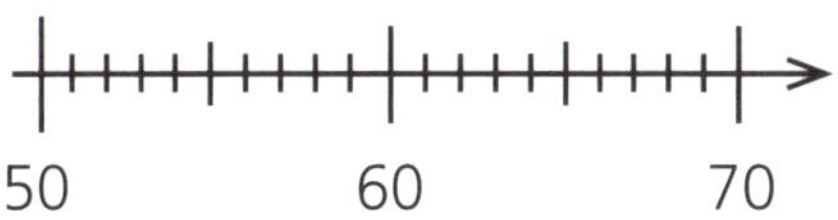

84 + 8 =

d) 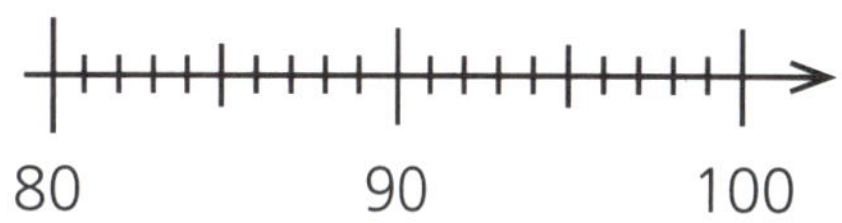

2 Male am Hunderterfeld aus und rechne.

a) 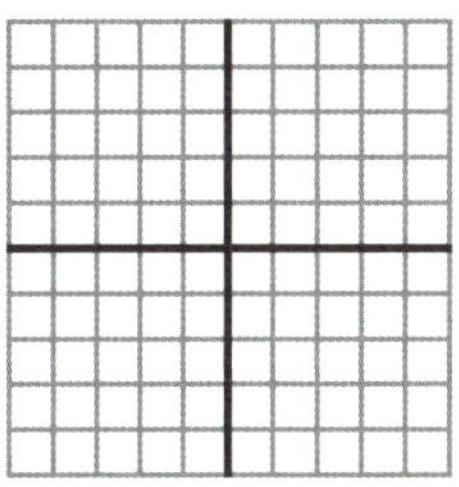

38 + 3 =

b) 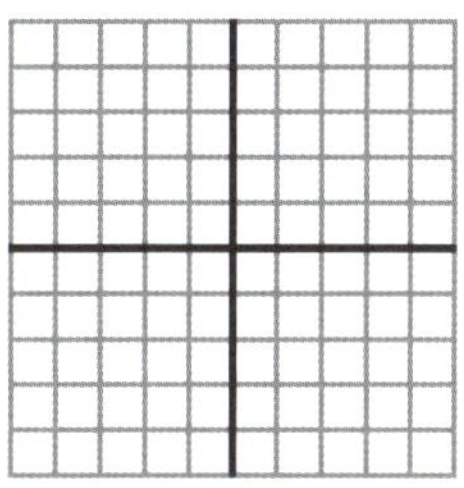

47 + 6 =

c) 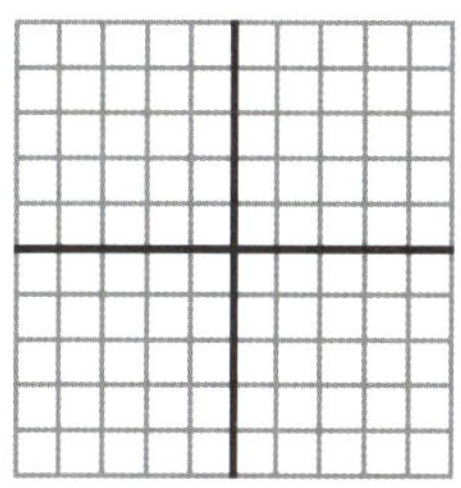

29 + 5 =

d) 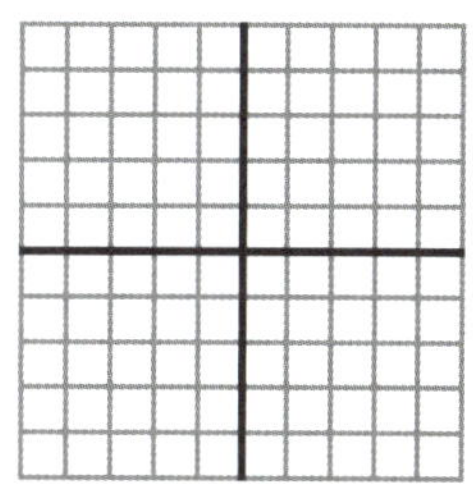

74 + 7 =

3 Rechne und setze fort.

a) 38 + 7 =
48 + 7 =
 + =
 + =

b) 73 + 9 =
73 + 8 =
 + =
 + =

c) 56 + 5 =
56 + 6 =
 + =
 + =

4 Rechne.

a) 

b) 

c) 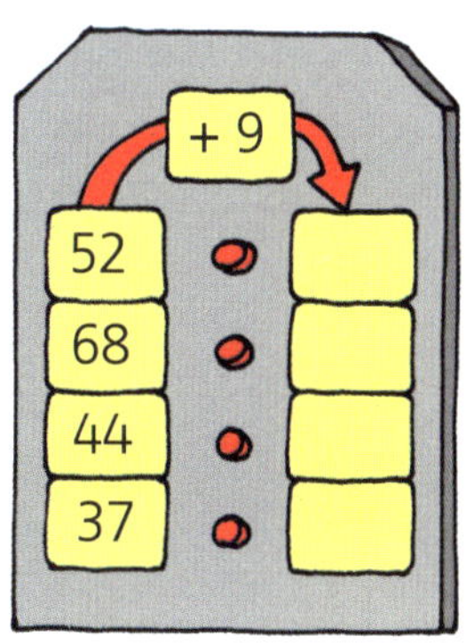

d) 

Einen Zehner unterschreiten

1 Wie rechnest du? Zeichne am Zahlenstrahl ein.

a) 52 – 4 = ___

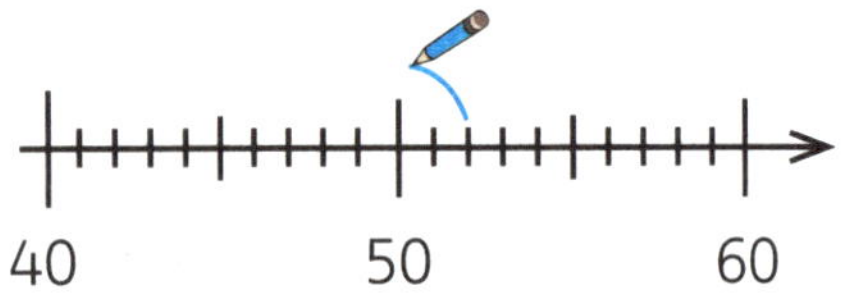

b) 74 – 8 = ___

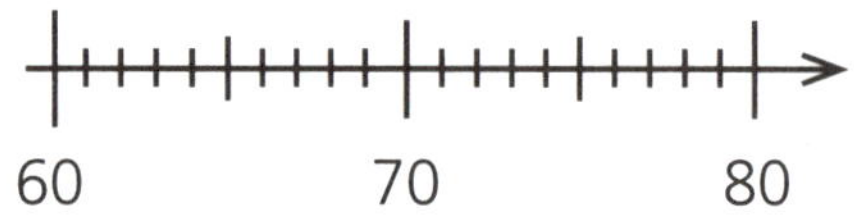

c) 43 – 6 = ___

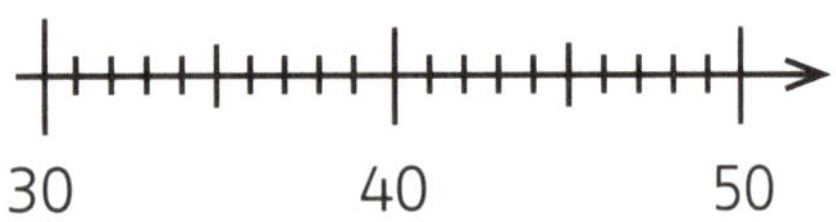

d) 98 – 9 = ___

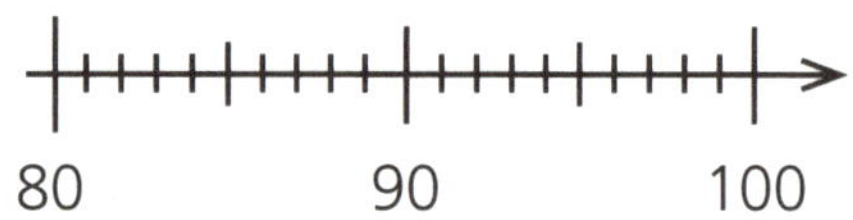

2 Male am Hunderterfeld aus, streiche durch und rechne.

a) 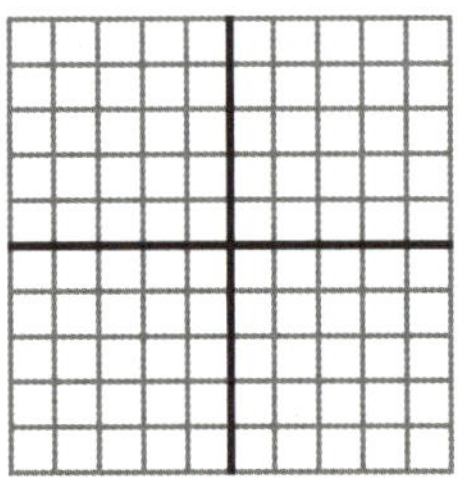

34 – 8 = ___

b) 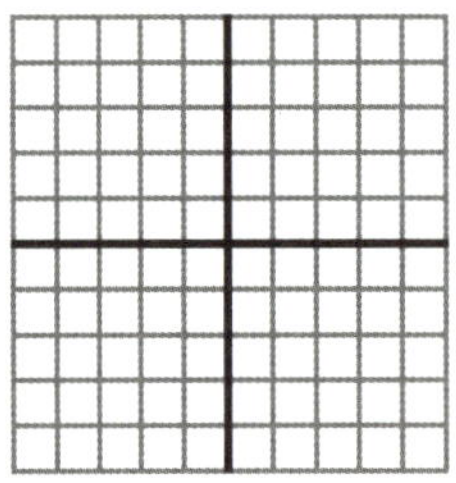

25 – 6 = ___

c) 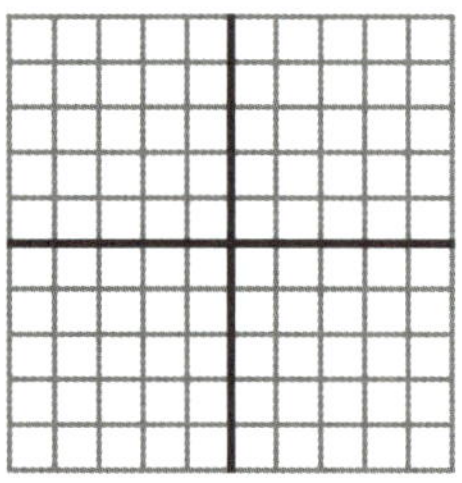

62 – 3 = ___

d) 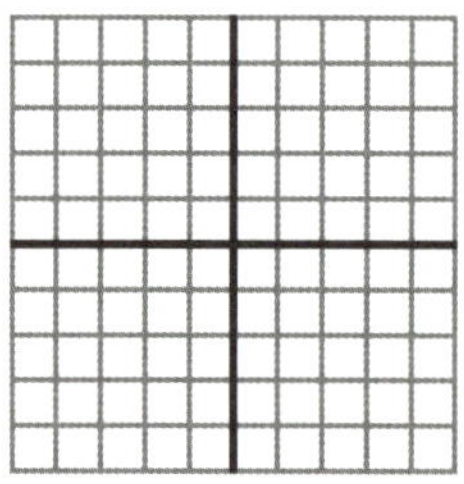

81 – 9 = ___

3 Rechne und setze fort.

Schreibe ein eigenes Rechenpäckchen.

a)		b)		c)	
53 – 4 =	___	71 – 5 =	___	44 – 9 =	___
53 – 5 =	___	61 – 5 =	___	44 – 8 =	___
___ – ___ =	___	___ – ___ =	___	___ – ___ =	___
___ – ___ =	___	___ – ___ =	___	___ – ___ =	___

4 Rechne.

a) 

b) 

c) 

d) 

1 Wie rechnest du?

a) 62 + 24 =

b) 34 + 45 =

c) 75 + 13 =

d) 28 + 31 =

e) 53 + 26 =

f) 46 + 52 =

2 Rechne und setze fort.

a) 22 + 12 = ☐
22 + 13 = ☐
☐ + ☐ = ☐
☐ + ☐ = ☐

b) 31 + 17 = ☐
31 + 27 = ☐
☐ + ☐ = ☐
☐ + ☐ = ☐

d) 45 + 43 = ☐
55 + 33 = ☐
☐ + ☐ = ☐
☐ + ☐ = ☐

3 Rechne.

a)
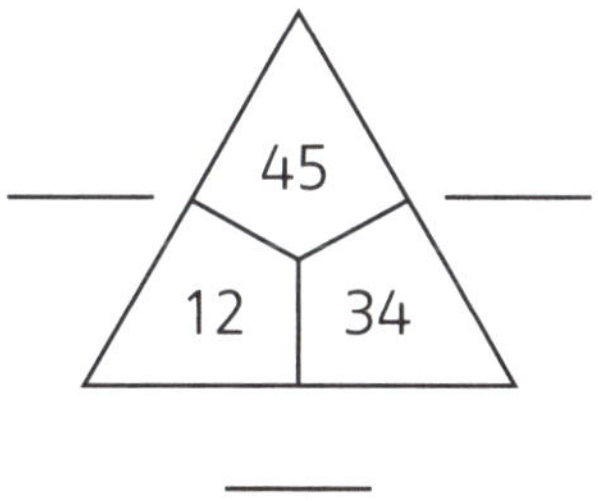

b)
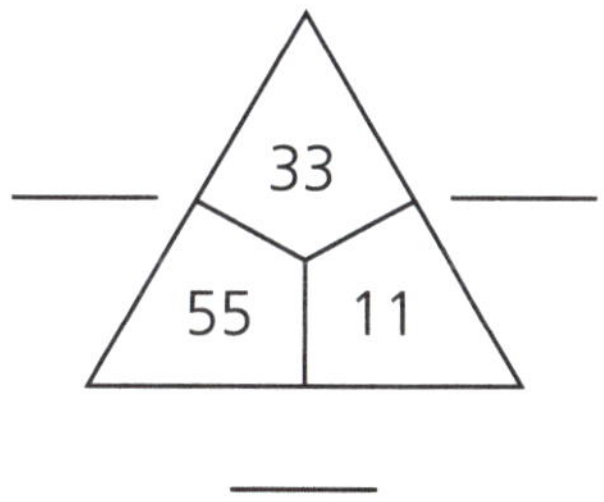

c)
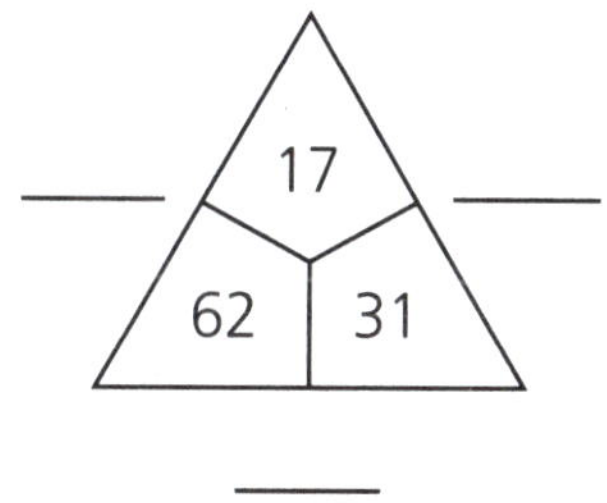

4 Rechne.

a) 22 Kinder spielen Völkerball. 13 Kinder sitzen auf der Reservebank.

b) Beim Tanzen haben 25 Kinder ein blaues Tuch. 24 Kinder tanzen mit einem roten Tuch.

17 Zehner und Einer subtrahieren

1 Wie rechnest du?

a) 77 − 34 =

b) 53 − 32 =

c) 89 − 67 =

d) 46 − 35 =

e) 94 − 72 =

f) 68 − 24 =

2 Rechne und setze fort.

a) 57 − 12 = ___
57 − 22 = ___
___ − ___ = ___
___ − ___ = ___

b) 98 − 35 = ___
98 − 45 = ___
___ − ___ = ___
___ − ___ = ___

d) 64 − 13 = ___
54 − 13 = ___
___ − ___ = ___
___ − ___ = ___

3 Rechne.

a) 24, 12, ___; ___, ___, 76

b) ___, 54, 23; 89, ___, ___

c) 26, 51, ___; ___, 48, ___

4 Rechne.

a) 47 Kinder möchten mit dem Planwagen fahren. Es gibt Platz für 26 Kinder.

b) Im Reitstall gibt es 58 Pferdeboxen. 13 müssen repariert werden.

1 Rechne.

a)

+	16	44	32	25
34				
22				
51				

b)

+	64	41	55	12
23				
35				
11				

2 Schreibe alle Plus- und Minusaufgaben auf.

a)

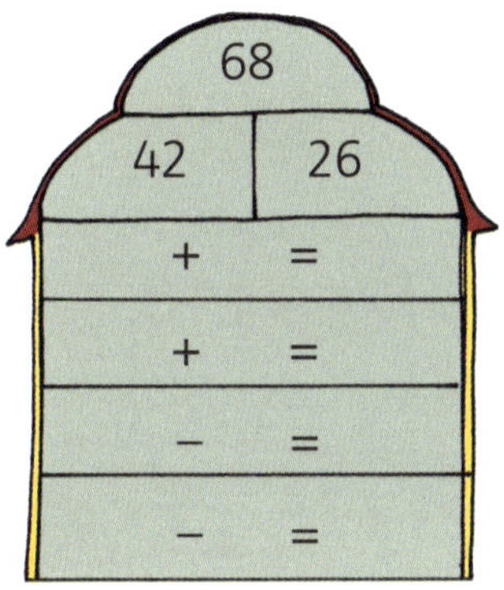

b)

c)

d)

3 Rechne.

a)

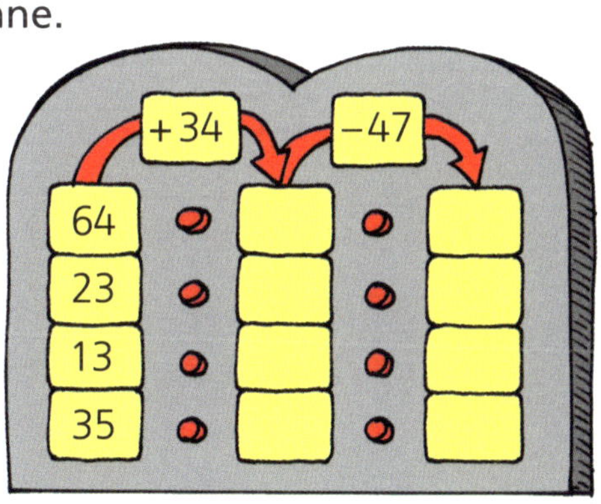

b)

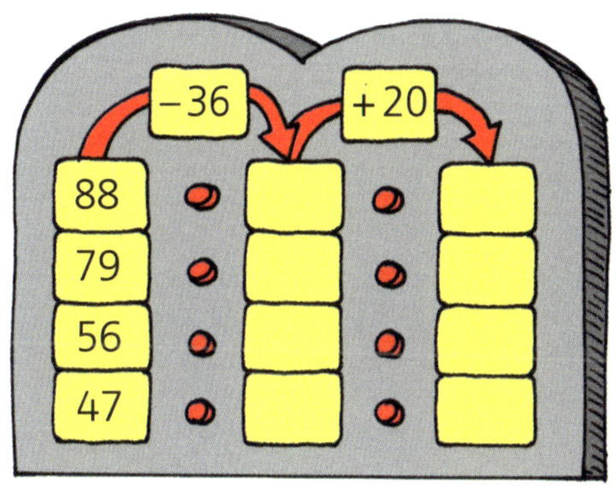

4 Rechne.

a)

b)

c)

d)

Ergänze.

a)

b)

c)

d)

Ergänzen

1 Ergänze und zeichne am Zahlenstrahl.

a) 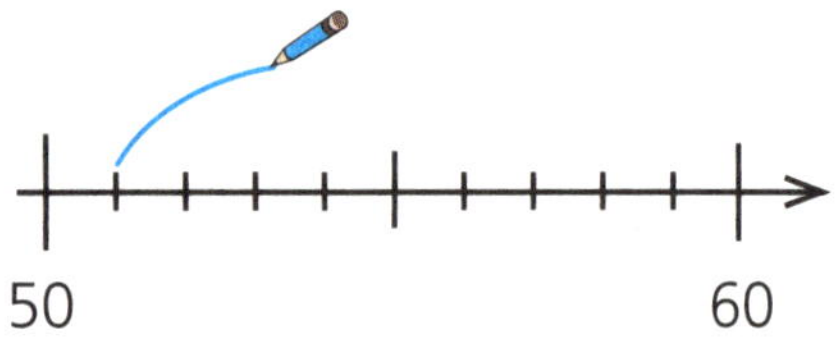

51 + ☐ = 58

b) 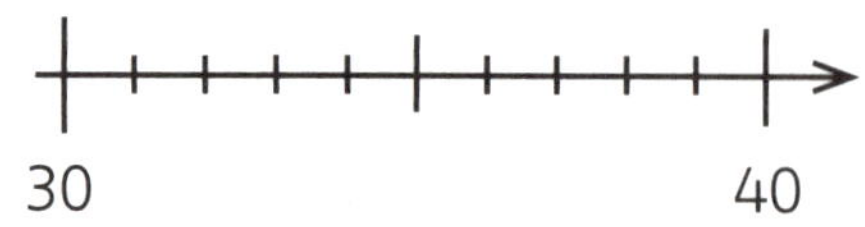

36 + ☐ = 39

c) 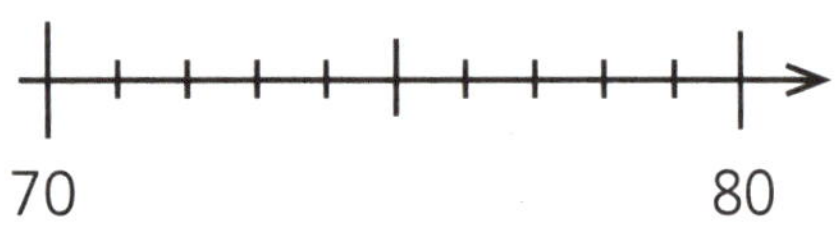

73 + ☐ = 75

d) 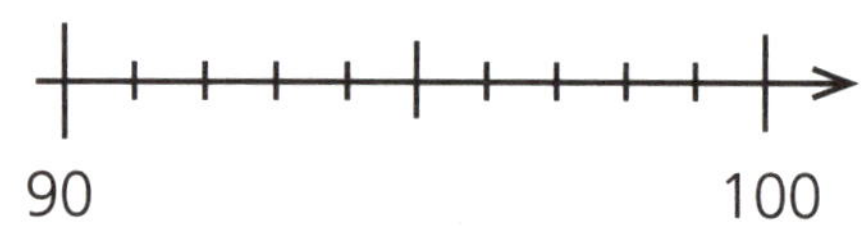

94 + ☐ = 99

2 Verbinde.

3 Ergänze.

a)	b)	c)	d)
36 + ☐ = 38	77 + ☐ = 79	56 + ☐ = 57	40 + ☐ = 46
51 + ☐ = 59	84 + ☐ = 86	32 + ☐ = 38	36 + ☐ = 39
63 + ☐ = 67	25 + ☐ = 28	64 + ☐ = 68	22 + ☐ = 27
42 + ☐ = 43	91 + ☐ = 95	85 + ☐ = 89	74 + ☐ = 79

4 Rechne.

a) Emil hat 23 € gespart. Er möchte sich einen Globus für 28 € kaufen. Wie viel Geld muss er noch sparen?

b) Lilly möchte sich eine Tasche für 35 € kaufen. Sie hat gestern 30 € von Opa Klaus bekommen. Wie viel Geld fehlt ihr noch?

1 Zeichne zu den Zahlen passende Dominosteine.

a) b) c)

36 54 21

2 Ergänze den leeren Dominostein so, dass eine Rechenaufgabe entsteht.

a) 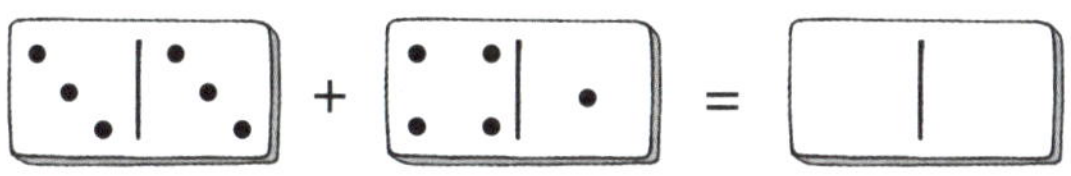

b) 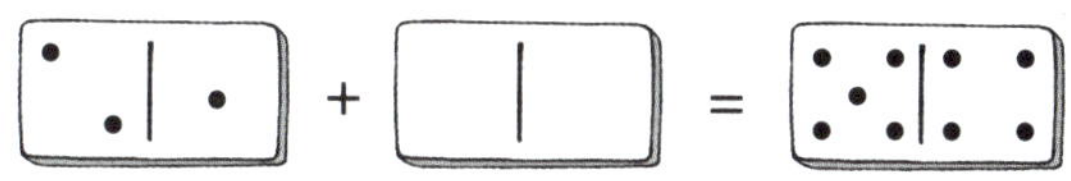

c) 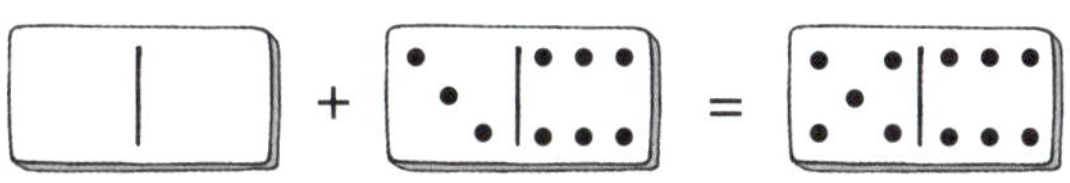

d) 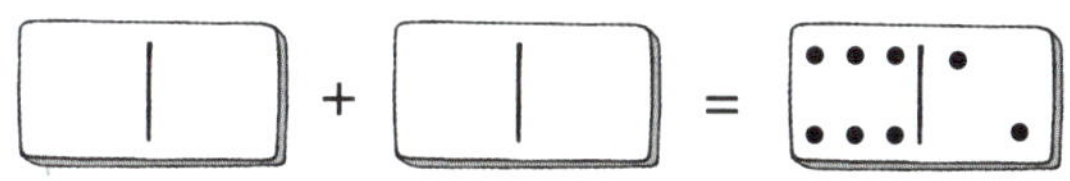

Sortiere die Dominosteine so, dass eine Rechenaufgabe entsteht.

a) 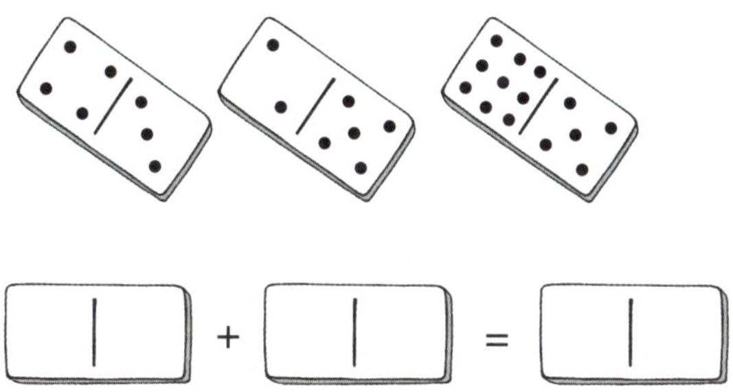

b) 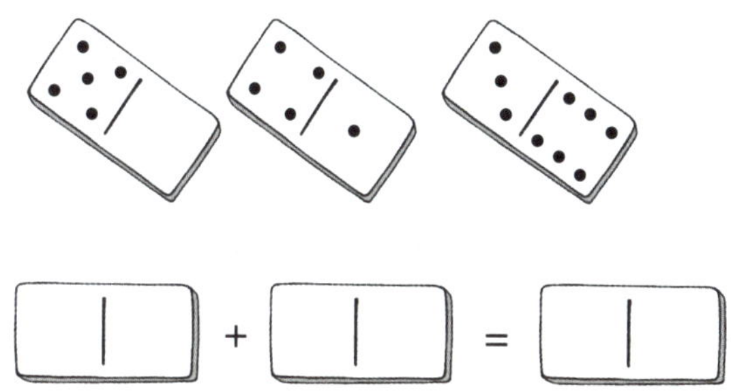

3 Welcher Dominostein passt in die Reihe? Ergänze.

a) 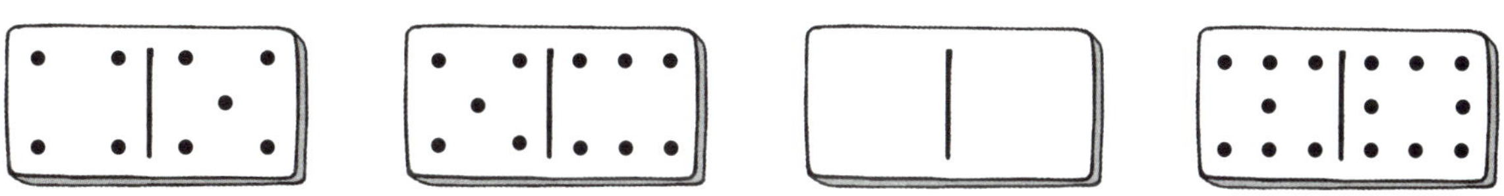

b) 

c) 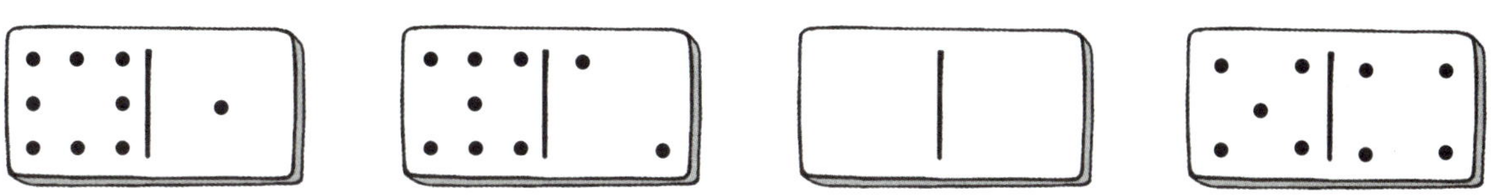

21 Zoohandlung

1

a)

b)

a) Passen die Hundeleinen auch Dackeln?
b) Wann werden die blauen Leinen geliefert?
c) Wie viele Hundeleinen sind in beiden Paketen zusammmen?

a) Was sind das für Fische?
b) Wie viele Fische bleiben übrig?
c) Wie teuer ist ein Fisch?

a) Hat Karin genug Geld?
b) Wann bekommt Karin wieder Taschengeld?
c) Wie heißt Karins Hund?

2 Schreibe eine passende Rechnung zu den angekreuzten Fragen in Aufgabe 1.

a)

b)

c)

3 Was gehört zusammen? Verbinde die Aufgabe, die passende Rechnung und die Antwort. 2 Fragen bleiben übrig.

Mia möchte ein Vogelhaus für 13 € kaufen. Sie bezahlt mit einem 50 €-Schein.

38 – 14 = 24

Es bleiben 14 Knabberstangen übrig.

Dann sind es 59 Fische.

17 Fische schwimmen im Aquarium. Herr Meier hat 42 neue Fische bestellt.

50 € – 13 € = 37 €

Sie bekommt 37 € zurück.

17 + 42 = 59

Im Geschäft gibt es 38 Knabberstangen für Vögel. Frau Gustel kauft 14 Stück.

Wie viele Kaninchen bleiben übrig?

Was macht sie mit dem Rest?

1 Theo und Marie haben gewürfelt. Erstelle eine Strichliste zu dem Streifendiagramm.

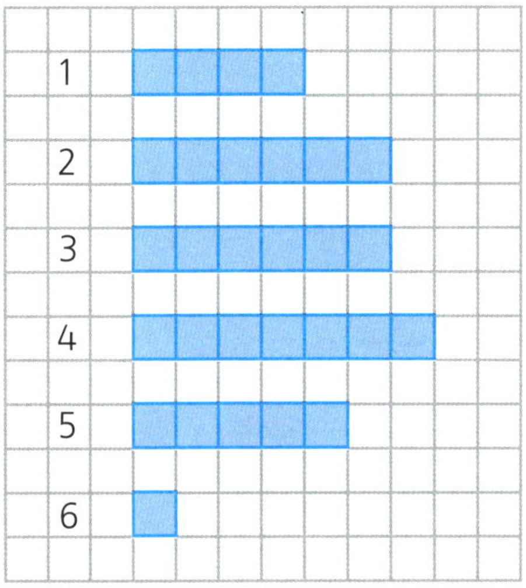

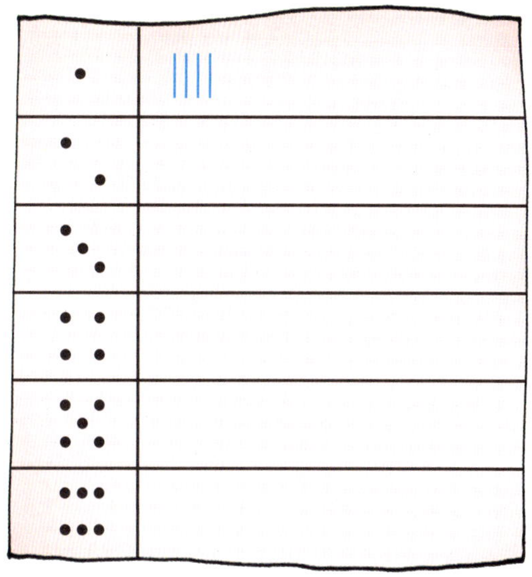

2 Stimmt oder stimmt nicht? Kreuze an.

	stimmt	stimmt nicht
Die Augenzahl 2 wurde am häufigsten gewürfelt.		
Die Augenzahl 6 wurde am seltensten gewürfelt.		
Die Augenzahlen 2 und 3 wurden gleich häufig gewürfelt.		
Die Augenzahl 1 wurde nie gewürfelt.		

3 Erstelle ein Streifendiagramm zur Strichliste und beantworte die Fragen.

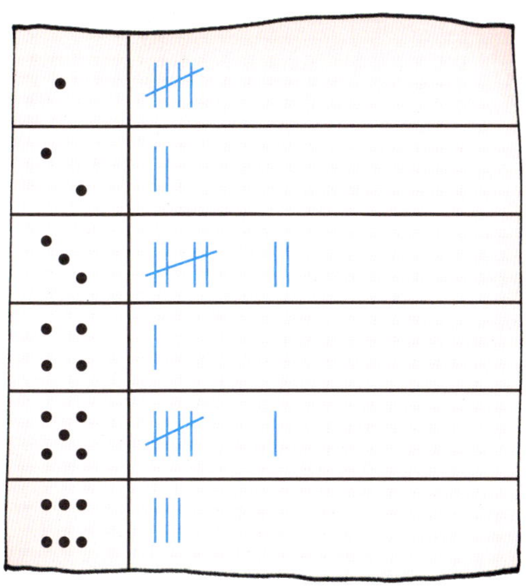

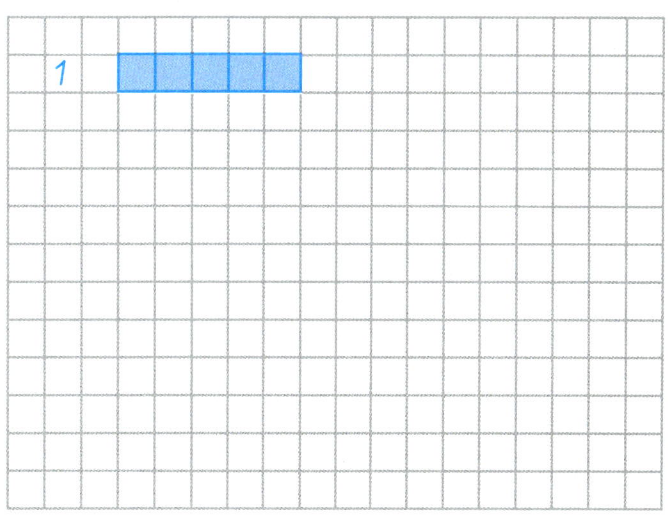

25 Euro und Cent

1 Kreise die Geldbeträge ein.

a)

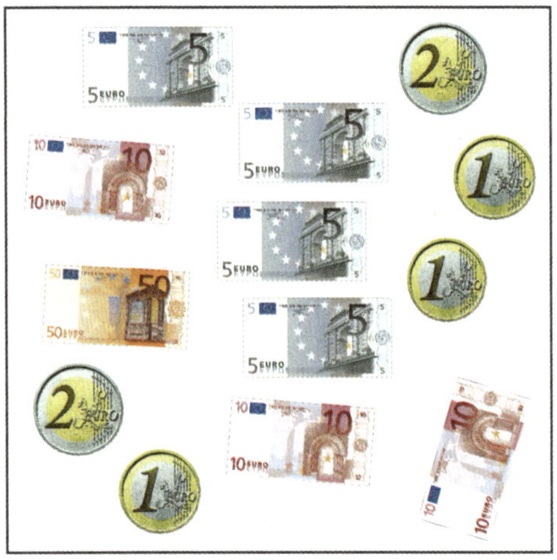

9 € 25 € 73 €

b)

17 ct 55 ct 74 ct

2 Berechne die Geldbeträge.

a)

ct

b)

ct

c)

€

d)

€

3 Schreibe Geldbeträge in Münzen und Scheine.

a) 5 ct

b) 34 ct

c) 19 €

d) 81 €

4 Schreibe Frage, Rechnung und Antwort.

1 Wie viel haben die Einkäufe gekostet?

a)

R:

A:

b)

c)

2 Berechne das Rückgeld.

a)

Preis: ____________

Rückgeld: ____________

b)

Preis: ____________

Rückgeld: ____________

c)

Preis: ____________

Rückgeld: ____________

d)

Preis: ____________

Rückgeld: ____________

1 Miss die Gegenstände.

a) 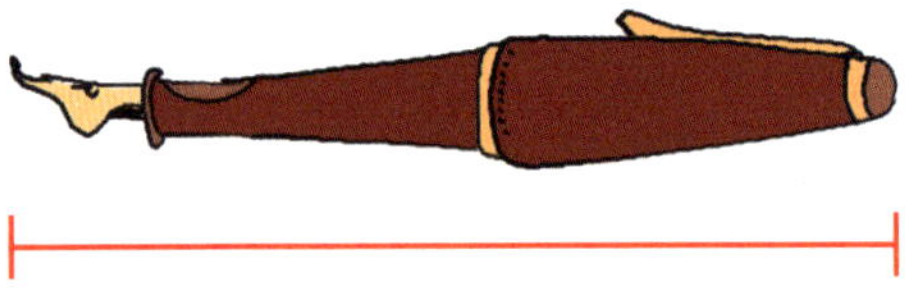

___ cm

b) 

___ cm

c) 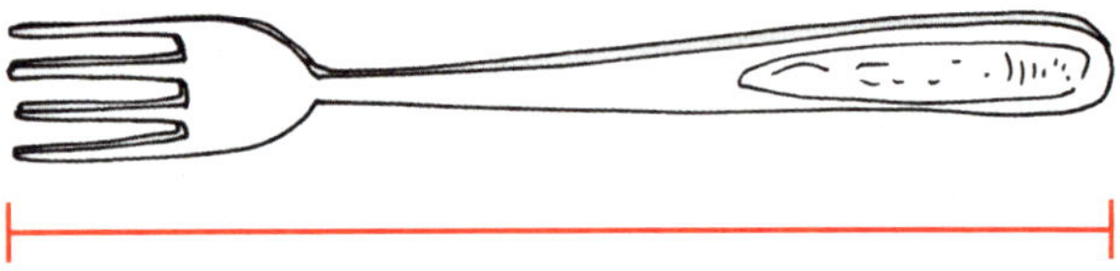

___ cm

d) 

___ cm

2 Werden die Gegenstände in cm oder m gemessen?

a)  cm

b)  ___

c) 

___

d)  ___

e)  ___

f) 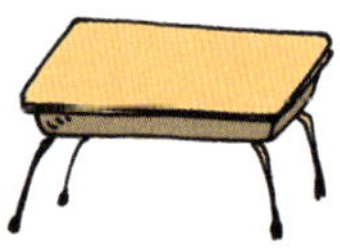 ___

3 Wie lang sind die Streifen? Verbinde.

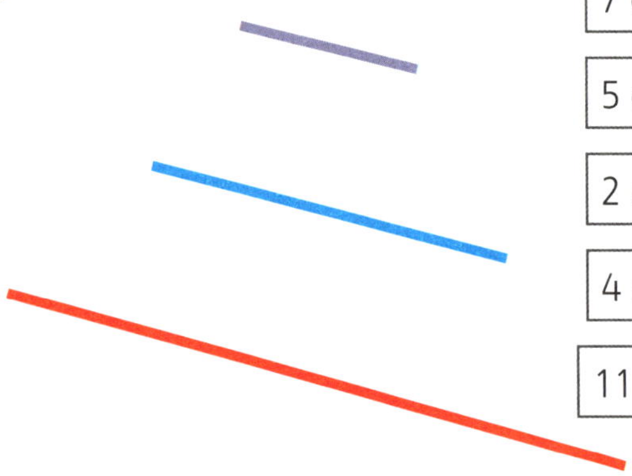

7 cm

5 cm

2 cm

4 cm

11 cm

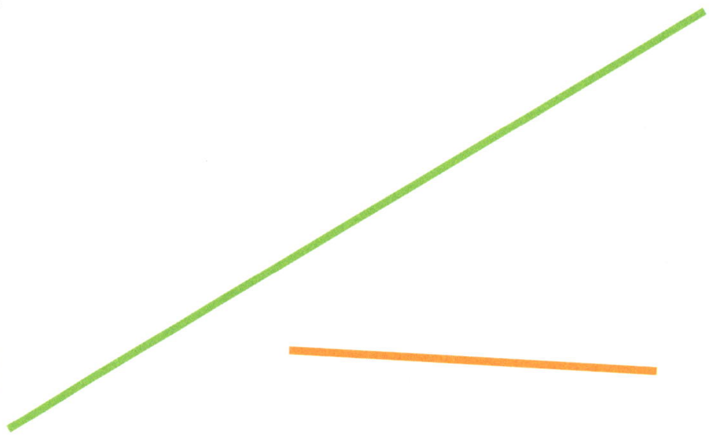

Setze fort.

a) 5 cm, 8 cm, 11 cm, ______, ______, ______, ______, ______, ______

b) 10 cm, 15 cm, 20 cm, ______, ______, ______, ______, ______, ______

c) 11 cm, 22 cm, 33 cm, ______, ______, ______, ______, ______, ______

1 Verbinde die beiden Punkte mit Lineal und Bleistift und miss die Strecke.

a) ____ cm

b) ____ cm

c) ____ cm

d) ____ cm

2 Zeichne Strecken.

a)	12	cm
b)	6	cm
c)	10	cm
d)	14	cm
e)	3	cm

3 Miss die Wege der Ameise und der Fliege zum Honigtopf. Welcher Weg ist der kürzeste?

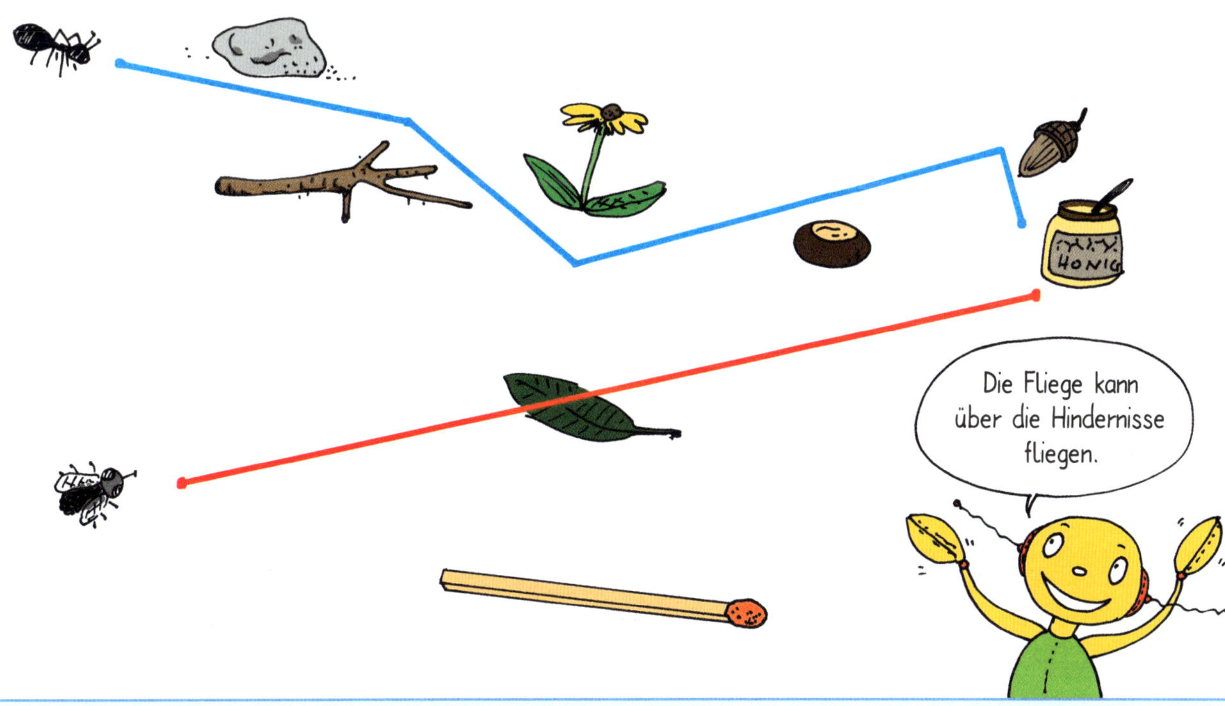

Multiplizieren

1 Schreibe zu jedem Bild eine Plus-und eine Malaufgabe.

a) 

b) 

c) 

2 Schreibe zu jedem Punktefeld eine Plus-und eine Malaufgabe.

a) 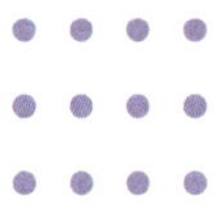

b) 

c) 

3 Male zu jeder Aufgabe ein Bild.

a) 6 · 4 =

b) 2 · 9 =

c) 4 · 8 =

4 Male Mal-, Plusaufgaben und Ergebnis in der gleichen Farbe an.

9 + 9 + 9 + 9 | 2 | 6 + 6 + 6 | 35 | 28 | 4 · 3 | 7 + 7 + 7 + 7 + 7 | 1 + 1 | 7 · 5 | 3 · 6 | 2 · 1 | 12 | 4 · 9 | 3 + 3 + 3 + 3 | 18

Tauschaufgaben

1 Schreibe immer zwei Malaufgaben.

a) 

b) 

c) 

2 Schreibe Malaufgaben und Tauschaufgaben.

a) 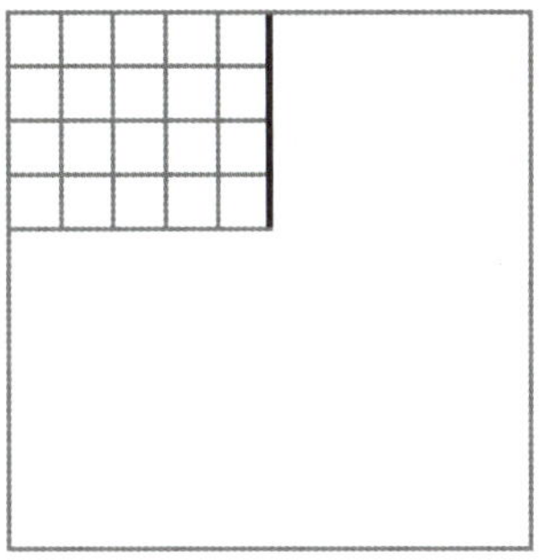

b) 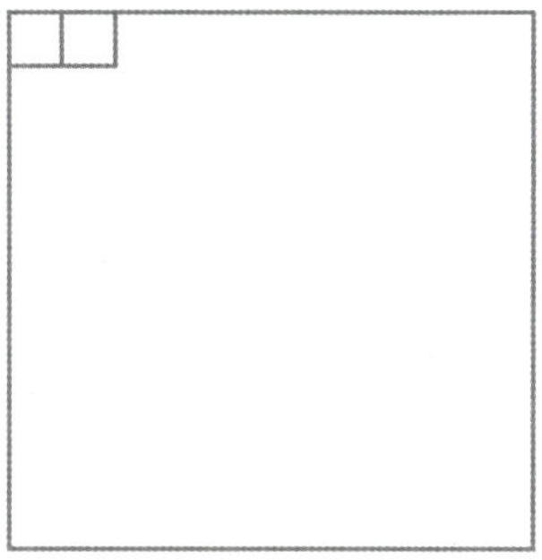

c) 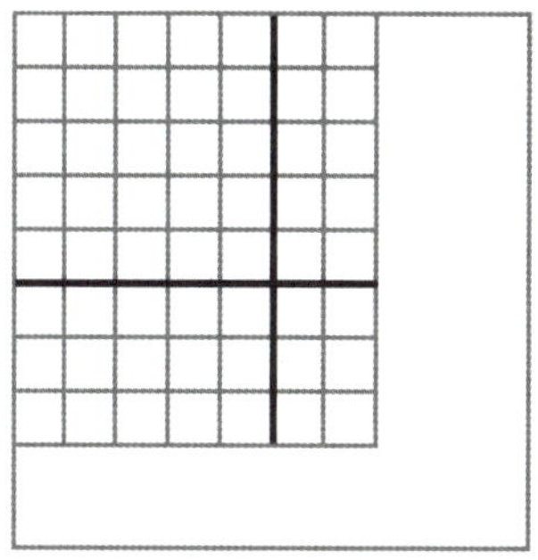

d) 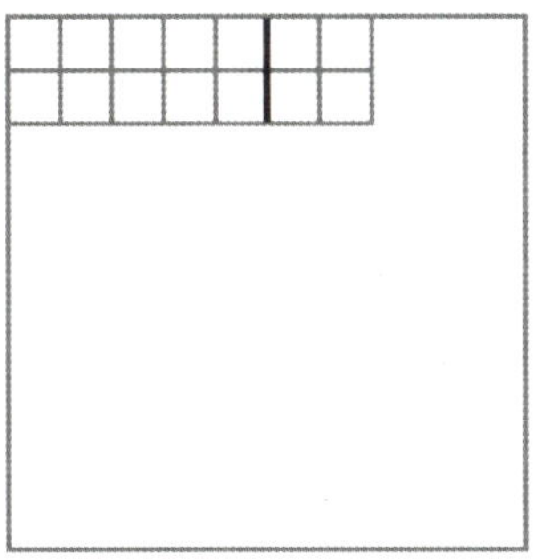

e) 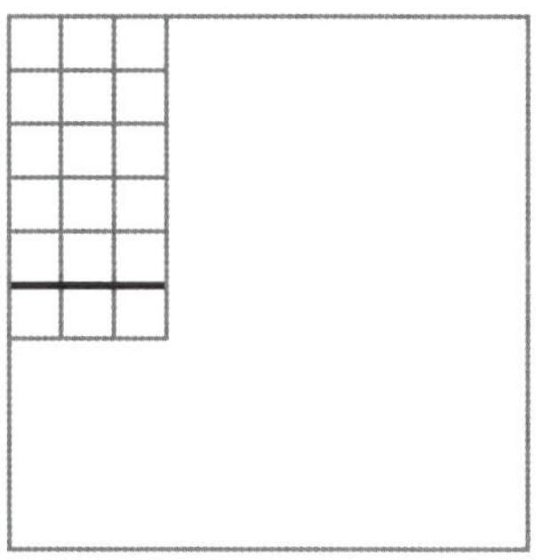

f) 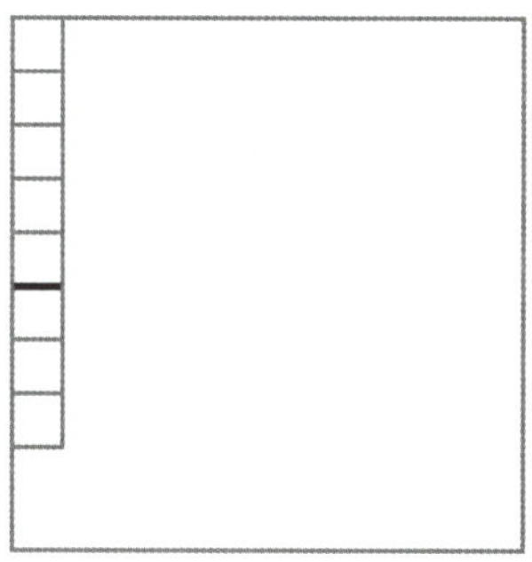

3 Bilde Mal- und Tauschaufgaben.

a) 

b) 

c) 

Das Einmaleins mit 10 und 5

1 Ergänze die Zehnerreihe.

1 · 10 = ___   4 · ___ = 40   ___ · 10 = ___   10 · 10 = ___

2 · 10 = ___   5 · 10 = ___   8 · ___ = ___

___ · 10 = 30   6 · 10 = ___   ___ · 10 = ___

2 Schreibe die passende Malaufgabe.

a)

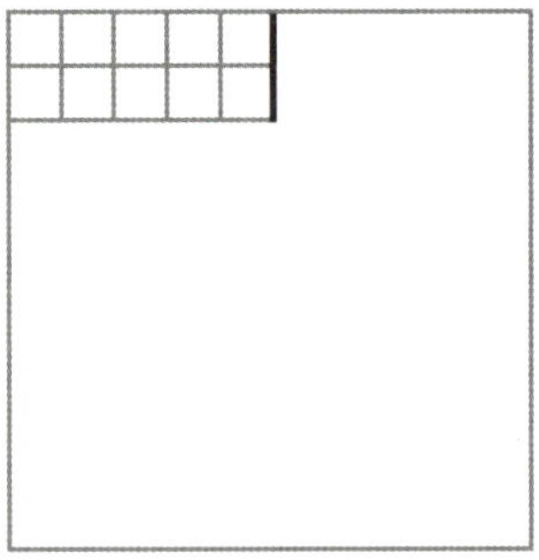

___

b)

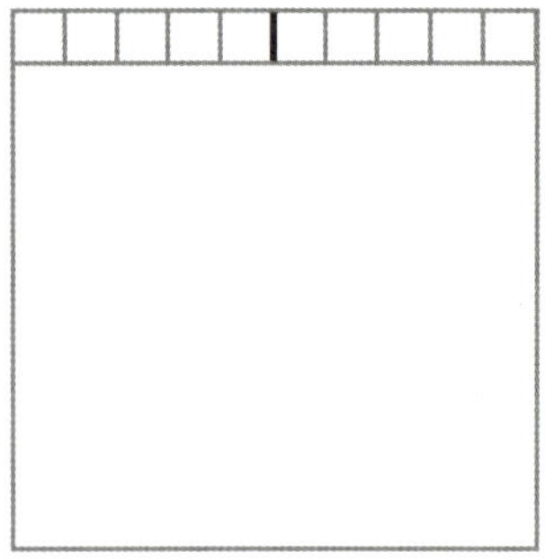

___

c)

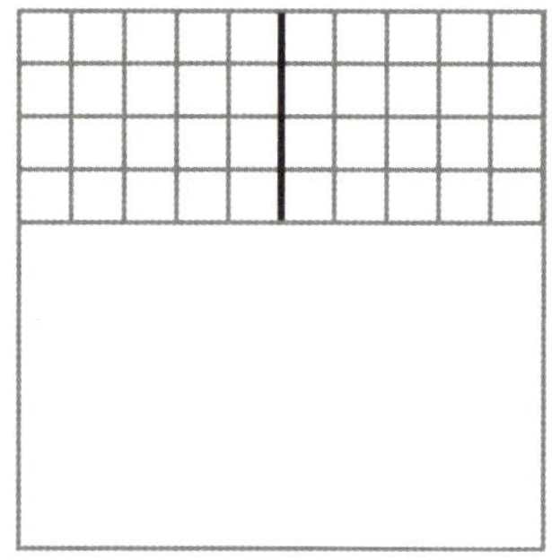

___

3 Rechne. Was fällt dir auf?

	· 1	· 2	· 3	· 4	· 5	· 6	· 7	· 8	· 9	· 10
10	10									
5	5									
	5									

4 Welche Aufgaben haben das gleiche Ergebnis? Male in der gleichen Farbe aus.

3 · 10   2 · 5   6 · 5   10 · 5   2 · 10

4 · 5   1 · 10   4 · 10   5 · 10   8 · 5

5 Rechne.

a) 8 · 5 = ___   b) 10 · 10 = ___   c) 3 · 5 = ___   d) 4 · 10 = ___

3 · 10 = ___   1 · 5 = ___   2 · 10 = ___   7 · 5 = ___

5 · 5 = ___   7 · 10 = ___   10 · 5 = ___   1 · 10 = ___

1 Ergänze die Zweierreihe.

1 · 2 = ___	5 · 2 = ___	___ · 2 = ___
2 · 2 = ___	___ · 2 = 12	___ · ___ = ___
___ · 2 = 6	___ · 2 = 14	
4 · ___ = 8	8 · ___ = ___	

2 Male am Hunderterfeld aus und rechne.

a)
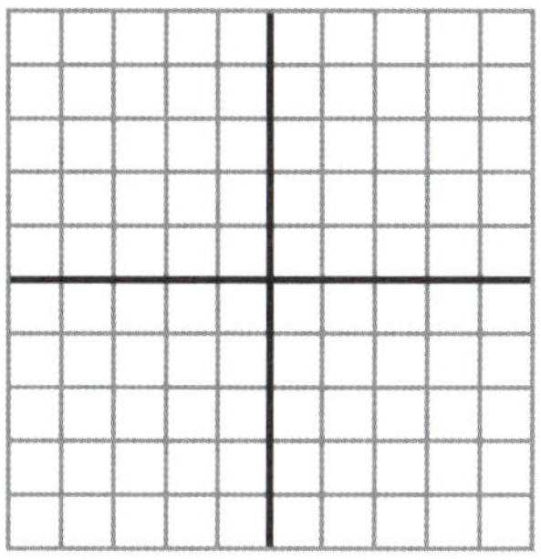

3 · 1 = ___

b)
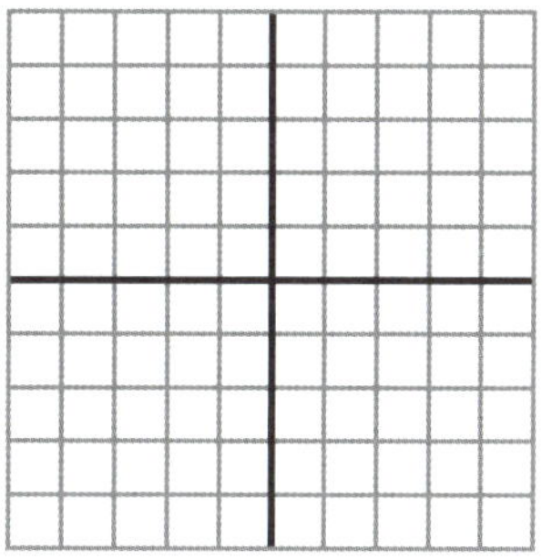

8 · 1 = ___

c)
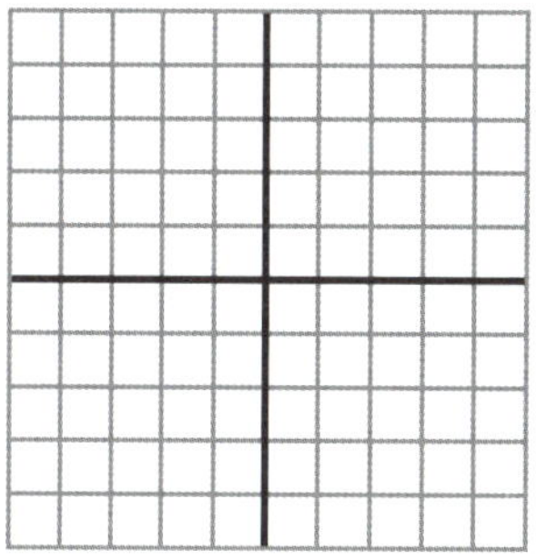

6 · 1 = ___

d)
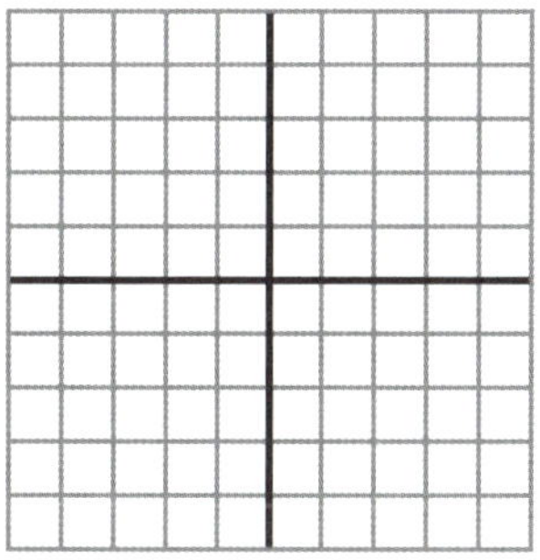

3 · 2 = ___

e)
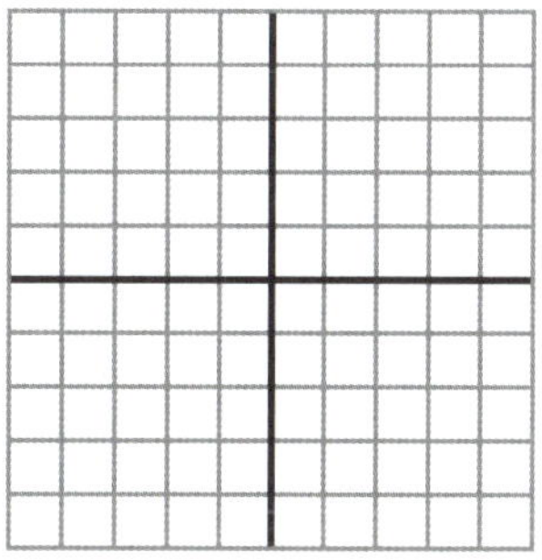

8 · 2 = ___

f)
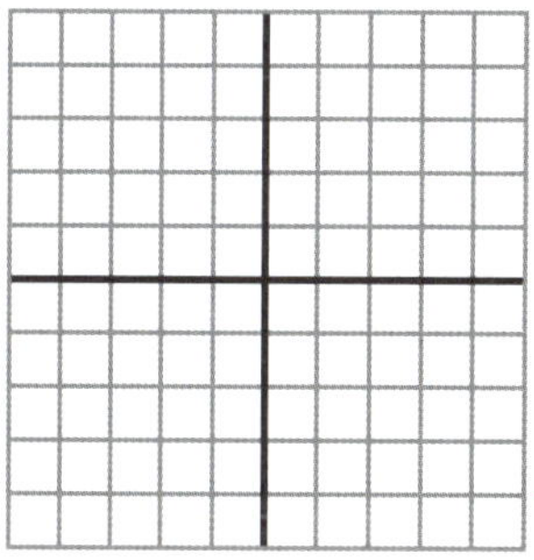

6 · 2 = ___

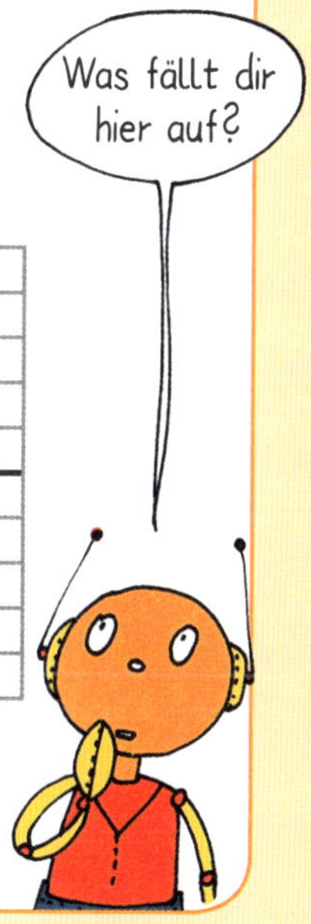

3 Rechne.

a)

b)

c)

d)

34 Quadratzahlen

1 Was gehört zusammen? Male in der gleichen Farbe aus.

8 · 8 | 1 · 1 | 4 · 4 | 16 | 2 · 2 | 1 | 49

3 · 3 | 10 · 10 | 100 | 7 · 7 | 9 | 4 | 64

5 · 5 | 9 · 9 | 6 · 6 | 36 | 25 | 81

2 Zeichne und rechne Quadrataufgaben.

a) 1 · 1 = 1

b) ___ · ___ = ___

c) ___ · ___ = ___

d) ___ · ___ = ___

e) ___ · ___ = ___

f) ___ · ___ = ___

3 Um welche Quadratzahl handelt es sich?

a) Ich bin größer als 20, aber kleiner als 30.

b) Ich bin fast so groß wie 50.

c) Wir sind kleiner als 10.

d) Ich bin größer als 60, aber kleiner als 70.

Sternaufgaben

1 Male alle Sternaufgaben aus.

2 Schreibe weitere Sternaufgaben auf.

3 Rechne.

a) 1 · 3 =
2 · 3 =
5 · 3 =
10 · 3 =

b) 1 · 4 =
2 · 4 =
5 · 4 =
10 · 4 =

c) 1 · 5 =
2 · 5 =
5 · 5 =
10 · 5 =

d) 1 · 6 =
2 · 6 =
5 · 6 =
10 · 6 =

e) 1 · 7 =
2 · 7 =
5 · 7 =
10 · 7 =

f) 1 · 8 =
2 · 8 =
5 · 8 =
10 · 8 =

g) 1 · 9 =
2 · 9 =
5 · 9 =
10 · 9 =

4 Welche Sternaufgabe kann dir helfen?

a) 7 · 8 =

b) 4 · 6 =

c) 3 · 9 =

d) 8 · 6 =

36 Knobeln

1 **Wer ist gemeint? Fülle die Tabelle aus.**

	blonde Haare	braune Haare	rote Haare	schwarze Haare
Jana				
Lukas				
Mats				
Tine				

1. Jana hat keine blonden Haare.
2. Tines Haare sind am hellsten.
3. Lukas Haare sind dunkler als Mats Haare.
4. Mats ist nicht rothaarig.

2 **Male rot, grün, gelb oder blau aus. Jedes Kind trägt Kleidung in seiner Lieblingsfarbe.**

Setze die Zahlen ein. Immer drei Kreise ergeben die gleiche Summe.

a) Verwende die Zahlen 1 bis 7.

b) Verwende die Zahlen 1 bis 9.

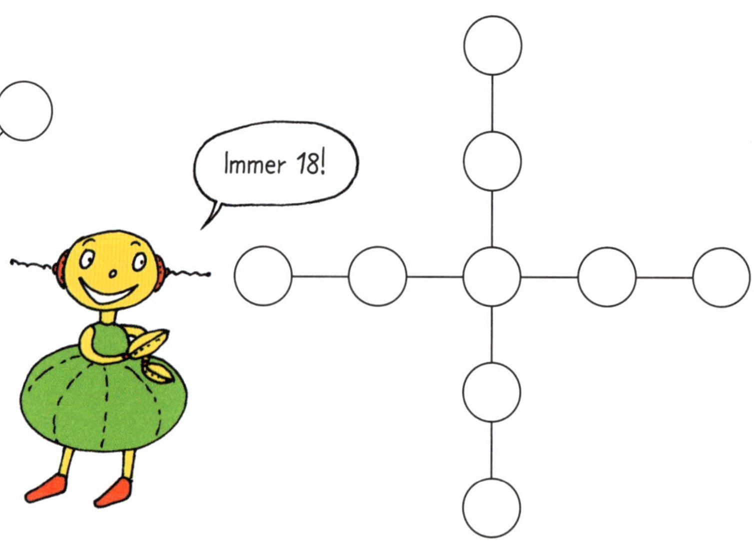

1 Schreibe die passende Malaufgabe.

a)

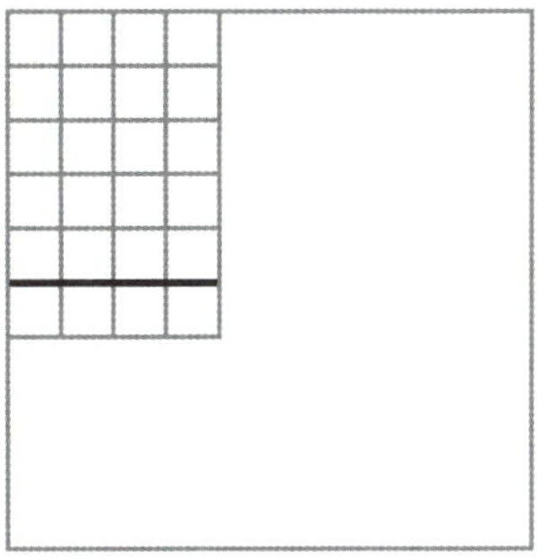

______

b)

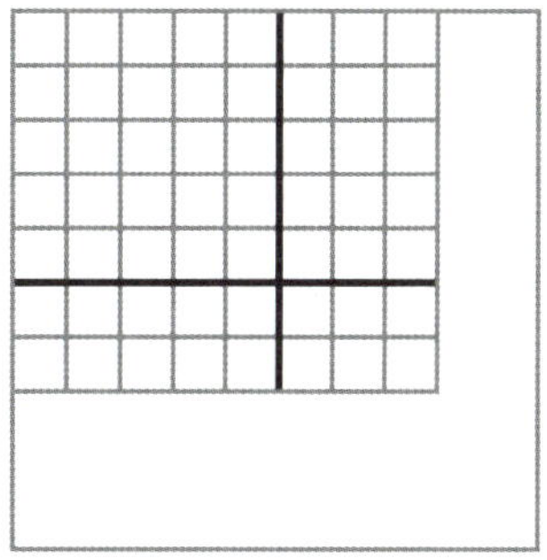

______

c)

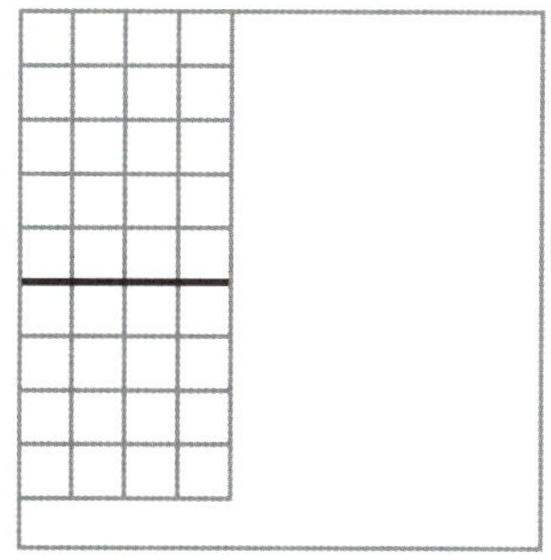

______

2 Male am Hunderterfeld aus und rechne.

a)

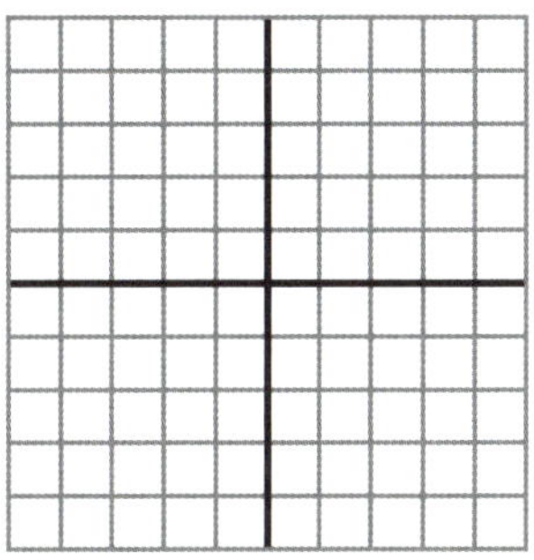

$2 \cdot 4 =$ ___

b)

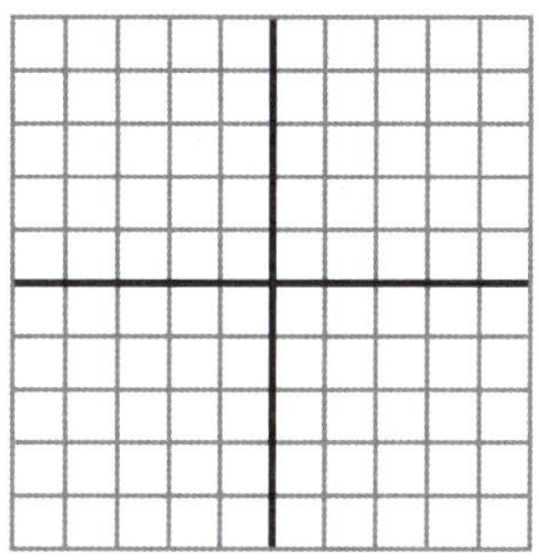

$7 \cdot 4 =$ ___

c)

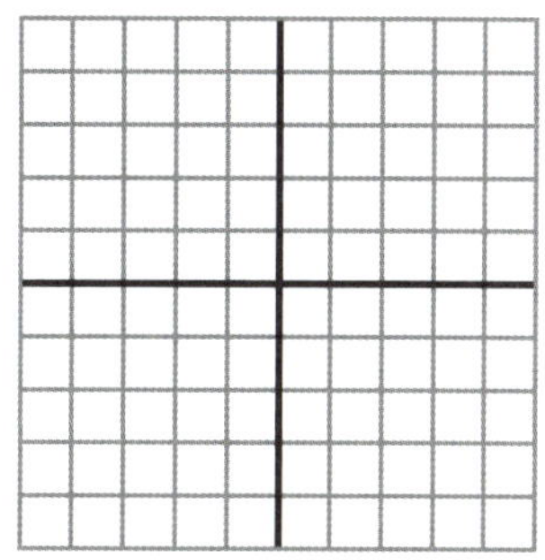

$5 \cdot 8 =$ ___

3 Trage die Zahlen ein. Was fällt dir auf?

	· 1	· 2	· 3	· 4	· 5	· 6	· 7	· 8	· 9	· 10
8	8									
4	4									
	4									

4 Rechne.

a) $1 \cdot 4 =$ ___
$8 \cdot 4 =$ ___
$7 \cdot 8 =$ ___
$6 \cdot 4 =$ ___

b) $8 \cdot 8 =$ ___
$2 \cdot 4 =$ ___
$4 \cdot 4 =$ ___
$9 \cdot 4 =$ ___

c) $10 \cdot 4 =$ ___
$3 \cdot 4 =$ ___
$9 \cdot 8 =$ ___
$4 \cdot 8 =$ ___

d) $1 \cdot 8 =$ ___
$10 \cdot 8 =$ ___
$5 \cdot 4 =$ ___
$6 \cdot 8 =$ ___

Das Einmaleins mit 3 und 6

1 Schreibe die passende Malaufgabe.

a) 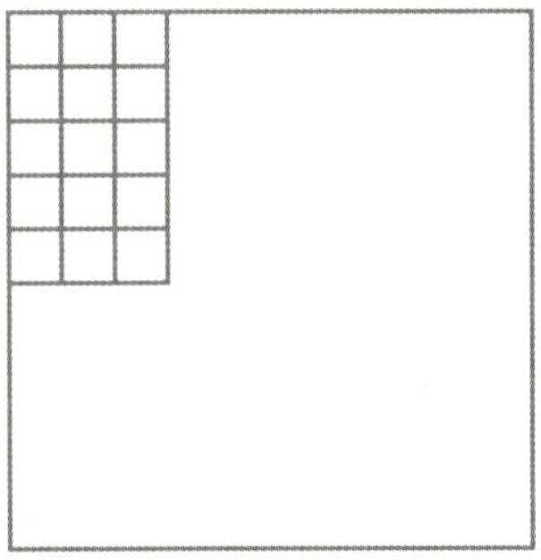

______

b) 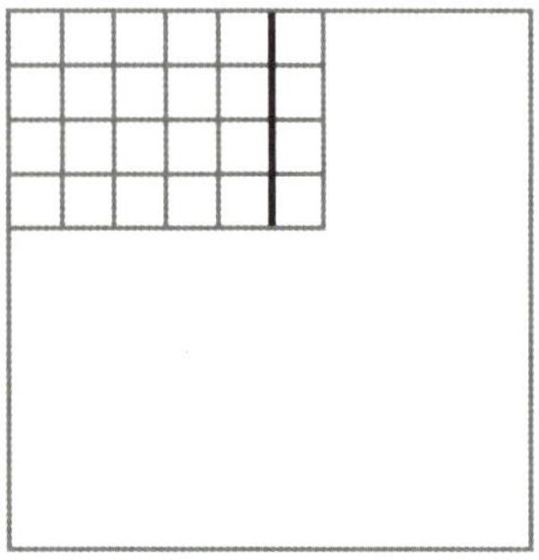

______

c) 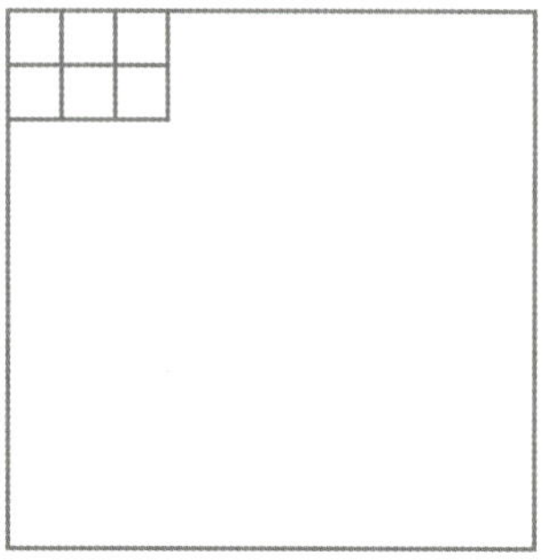

______

2 Male am Hunderterfeld aus und rechne.

a) 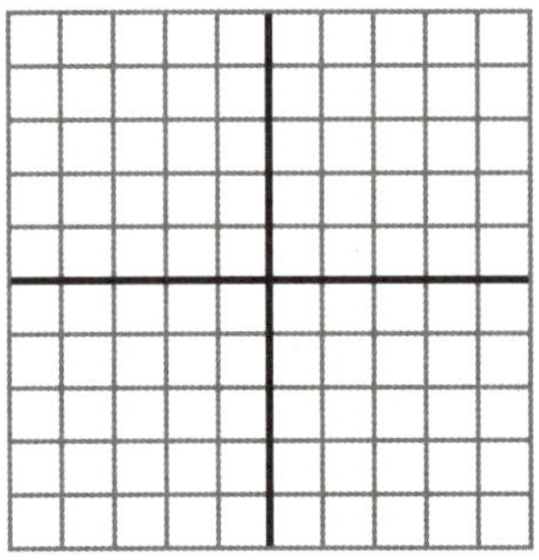

3 · 3 = ___

b) 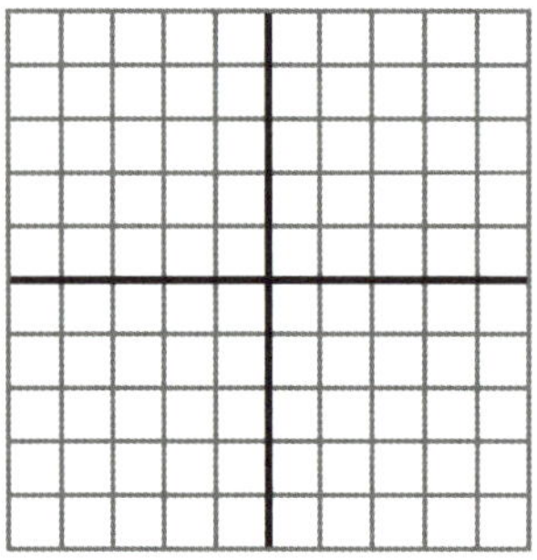

7 · 3 = ___

c) 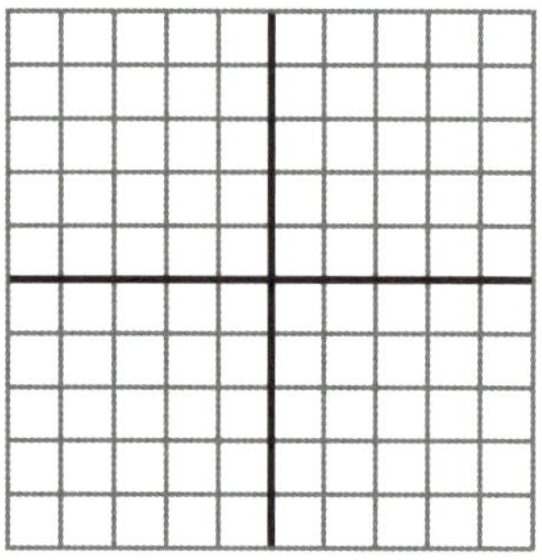

4 · 6 = ___

3 Trage die Zahlen ein. Was fällt dir auf?

	· 1	· 2	· 3	· 4	· 5	· 6	· 7	· 8	· 9	· 10
6										
3										

4 Rechne.

a) 1 · 6 = ___
4 · 6 = ___
3 · 8 = ___
7 · 3 = ___

b) 2 · 3 = ___
7 · 6 = ___
0 · 3 = ___
9 · 6 = ___

c) 5 · 6 = ___
10 · 3 = ___
1 · 3 = ___
2 · 6 = ___

d) 4 · 3 = ___
10 · 6 = ___
0 · 6 = ___
8 · 3 = ___

1 Schreibe die passende Malaufgabe.

a) 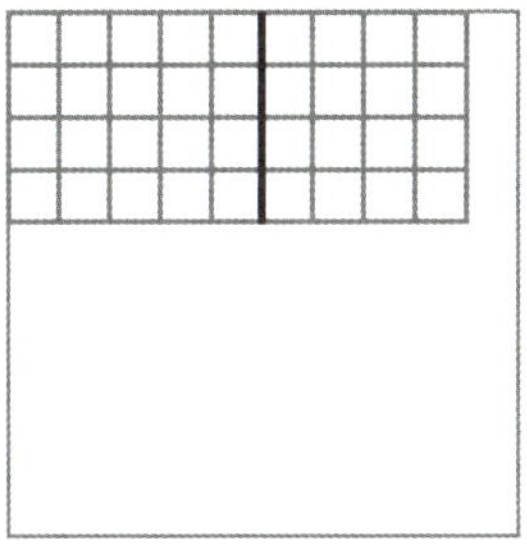

b) 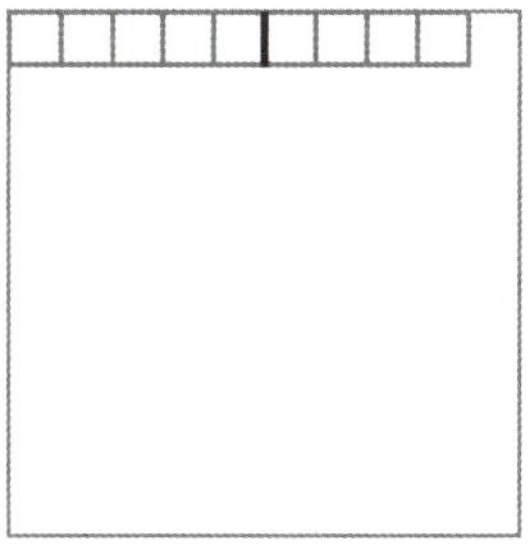

c) 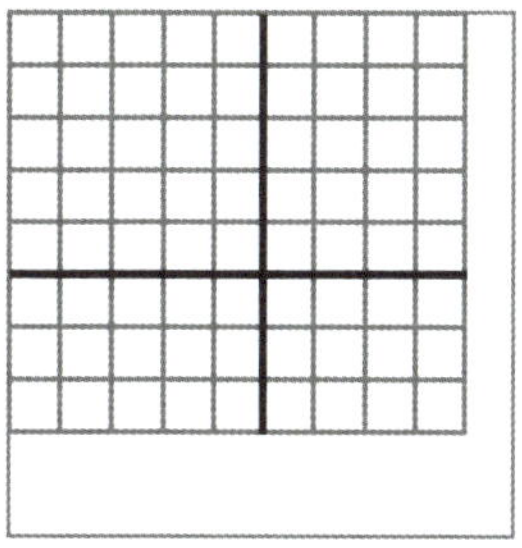

d) 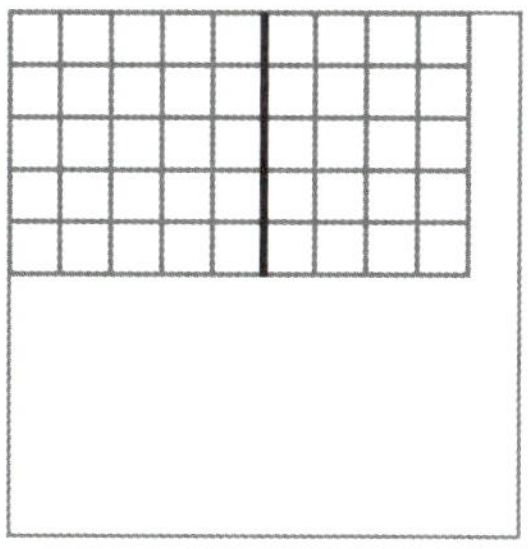

2 Male am Hunderterfeld aus und rechne.

a) 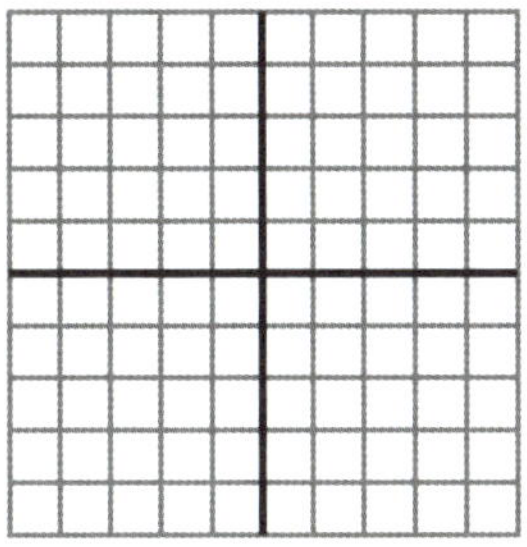

$3 \cdot 9 =$ ___

b) 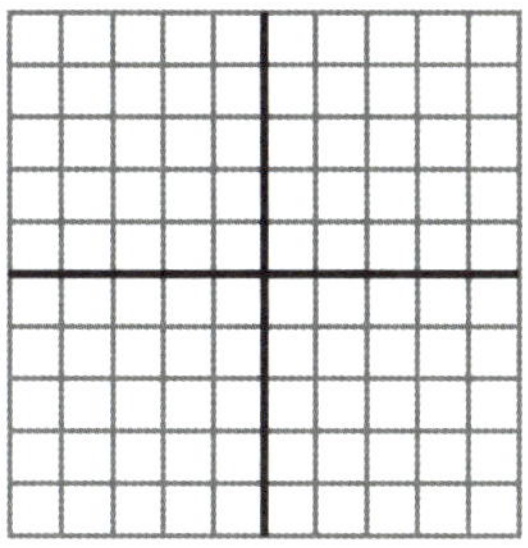

$7 \cdot 9 =$ ___

c) 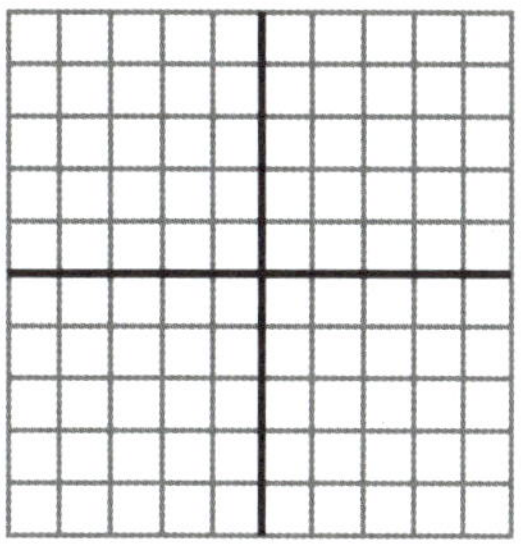

$2 \cdot 9 =$ ___

d) 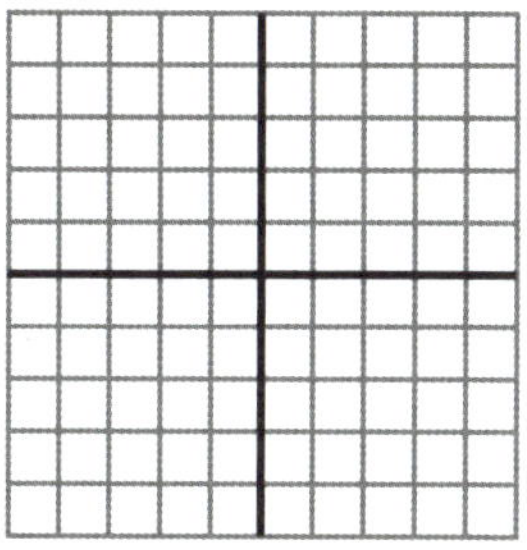

$6 \cdot 9 =$ ___

3 Rechne.

a) $1 \cdot 9 =$ ___
$2 \cdot 9 =$ ___
___ $\cdot\ 9 = 27$

b) $4 \cdot 9 =$ ___
$5 \cdot$ ___ $= 45$
___ $\cdot\ 9 = 54$

c) $7 \cdot 9 =$ ___

4 Male die folgenden Zahlen aus und beantworte die Fragen.

1	2	3	4	5	6	7	8	9	10
11	12	13	14	15	16	17	18	19	20
21	22	23	24	25	26	27	28	29	30
31	32	33	34	35	36	37	38	39	40
41	42	43	44	45	46	47	48	49	50
51	52	53	54	55	56	57	58	59	60
61	62	63	64	65	66	67	68	69	70
71	72	73	74	75	76	77	78	79	80
81	82	83	84	85	86	87	88	89	90
91	92	93	94	95	96	97	97	99	100

a) alle Ergebnisse der 9er-Reihe
b) alle Ergebnisse der 6er-Reihe
c) alle Ergebnisse der 3er-Reihe

Welche Zahlen gehören zur 3er- und zur 6er-Reihe?

___

Welche Zahlen gehören zur 6er- und zur 9er-Reihe?

___

Das Einmaleins mit 7

1 Schreibe die passende Malaufgabe.

a) 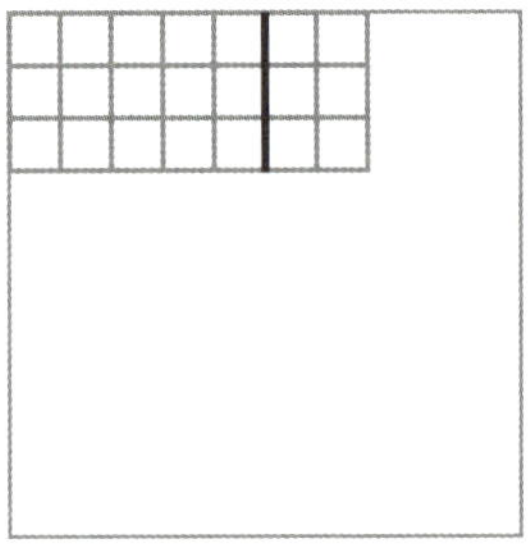

b) 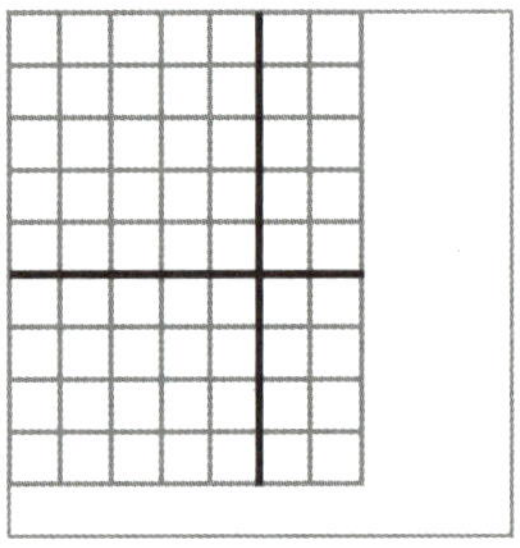

c) 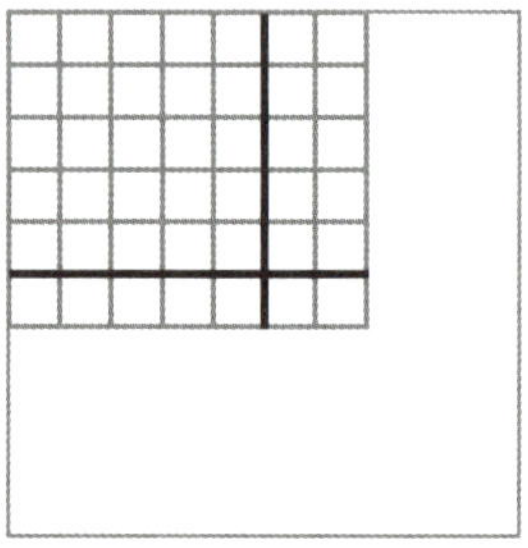

d) 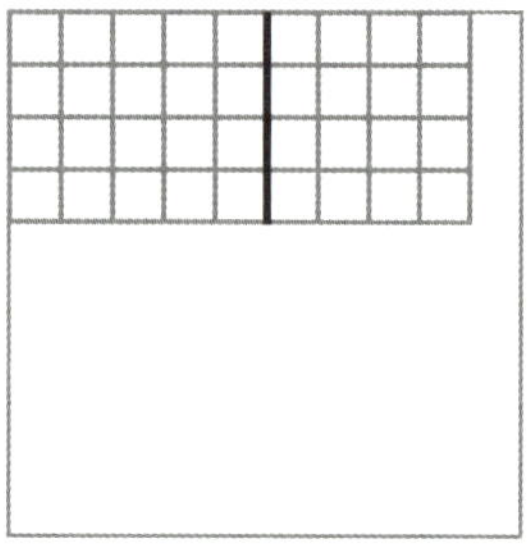

2 Male am Hunderterfeld aus und rechne.

a) 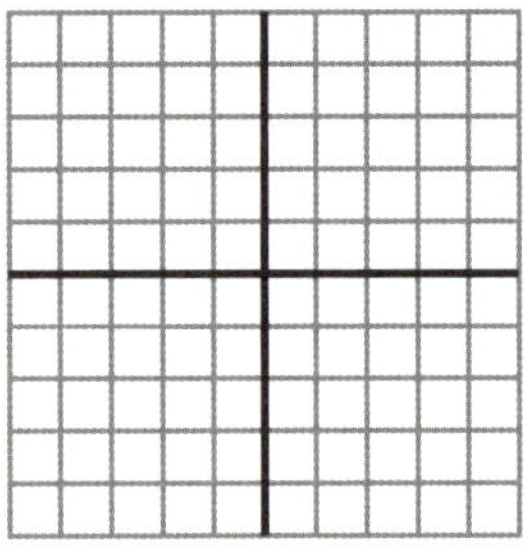

$5 \cdot 7 =$ ____

b) 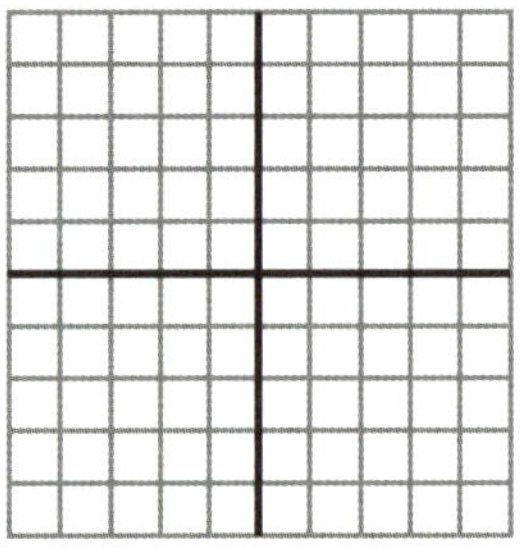

$8 \cdot 7 =$ ____

c) 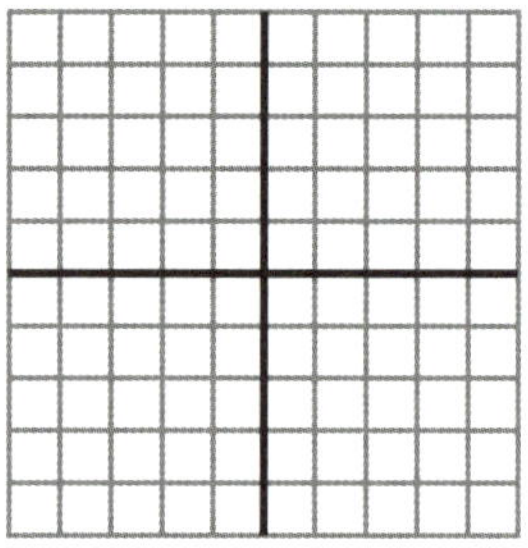

$2 \cdot 7 =$ ____

d) 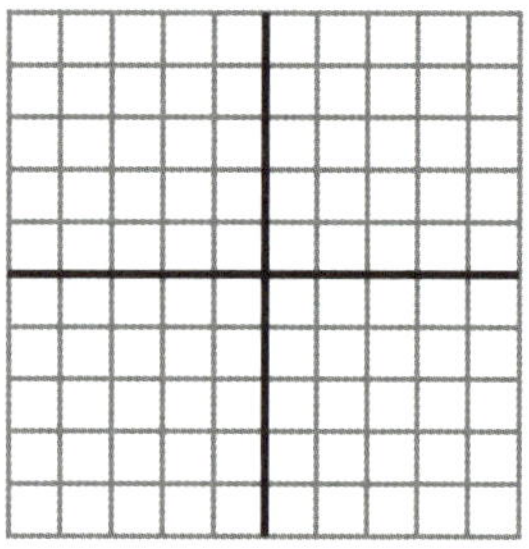

$6 \cdot 7 =$ ____

3 Rechne zuerst die Sternaufgabe.

a) * $2 \cdot 7 =$ ____
$3 \cdot 7 =$ ____
$4 \cdot 7 =$ ____

b) $8 \cdot 7 =$ ____
$9 \cdot 7 =$ ____
$10 \cdot 7 =$ ____

c) $5 \cdot 7 =$ ____
$6 \cdot 7 =$ ____
$7 \cdot 7 =$ ____

4 Wie viele Tage sind es?

Wochen	1	2	3	4	5	6	7	8	9	10
Tage	7									

5 Setze das passende Rechenzeichen ein.

a) 3 + 7 = 10
3 ◯ 7 = 21

b) 28 ◯ 7 = 35
4 ◯ 7 = 11

c) 9 ◯ 7 = 16
9 ◯ 7 = 63

d) 7 ◯ 7 = 0
7 ◯ 7 = 49

1 Ergänze die Zahlen in den Raumschiffen.

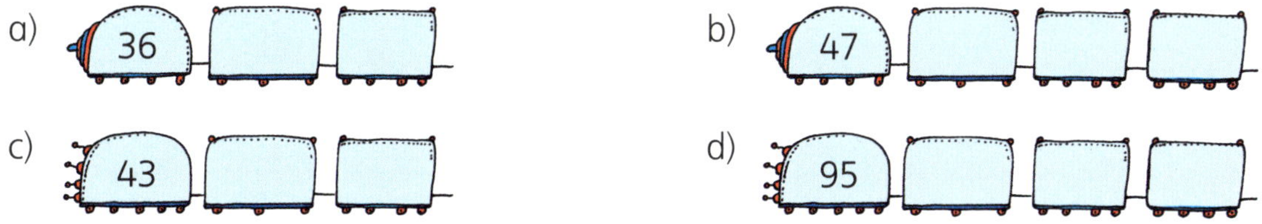

2 Erfinde eigene Raumschiffe mit passenden Zahlen.

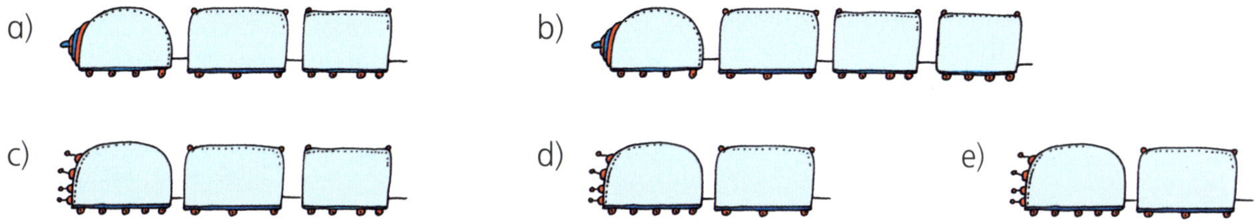

3 Male Punkte in die Dominosteine.

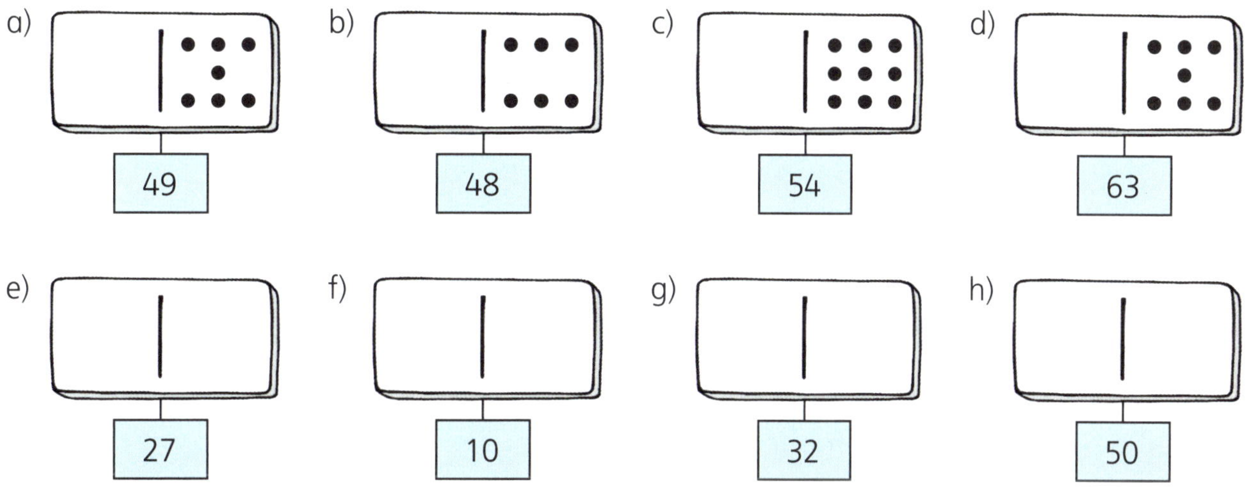

4 Finde verschiedene Dominosteine.

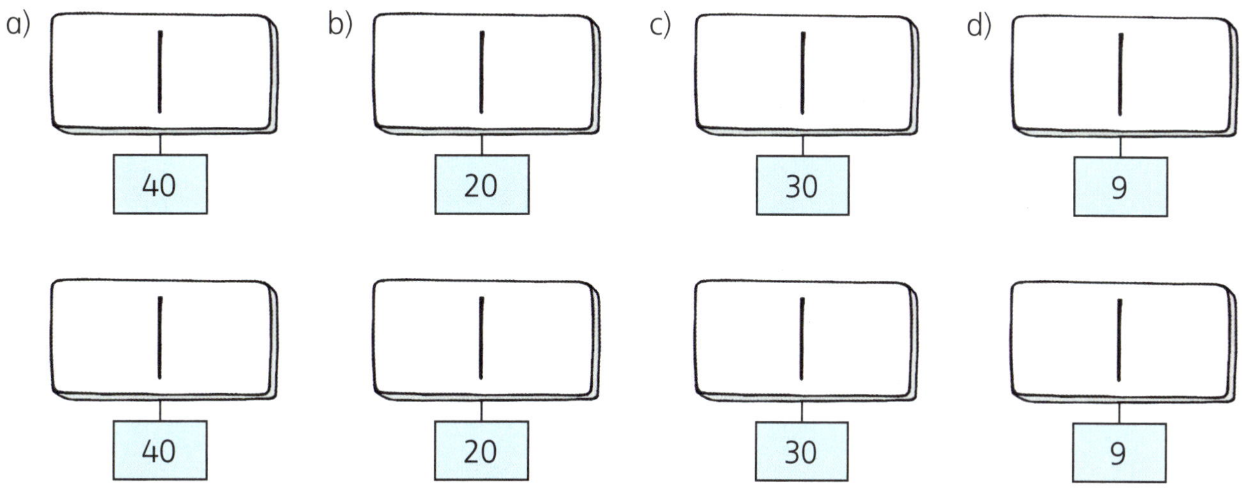

Mit Sternaufgaben rechnen

1 Löse zuerst die Sternaufgabe.

a)	b)	c)	d)
6 · 7 = ___	4 · 8 = ___	8 · 4 = ___	8 · 3 = ___
★ 7 · 7 = ___	★ 5 · 8 = ___	9 · 4 = ___	9 · 3 = ___
8 · 7 = ___	6 · 8 = ___	★ 10 · 4 = ___	★ 10 · 3 = ___

2 Kreise die Sternaufgaben ein und löse die Aufgaben.

a)	b)	c)	d)
3 · 7 = ___	5 · 9 = ___	2 · 4 = ___	6 · 8 = ___
4 · 7 = ___	6 · 9 = ___	3 · 4 = ___	7 · 8 = ___
5 · 7 = ___	7 · 9 = ___	4 · 4 = ___	8 · 8 = ___

3 Male Stern- und Nachbaraufgabe in der gleichen Farbe aus.

3 · 7　5 · 6　10 · 6　7 · 8　4 · 6

4 · 8　9 · 6　8 · 8　2 · 7　5 · 8

4 Schreibe passende Sternaufgaben.

a) 35 ____________　b) 50 ____________　c) 36 ____________　d) 40 ____________

e) 24 ____________　f) 4 ____________　g) 21 ____________　h) 64 ____________

5 Finde eine passende Sternaufgabe und rechne.

a)	b)	c)
★ ___ · ___ = ___	9 · 4 = ___	7 · 8 = ___
3 · 9 = ___	★ ___ · ___ = ___	★ ___ · ___ = ___

1 Rechne und schreibe auf.

a)

F: Wie viele Bälle sind es?

R:

A: Es sind ______ Bälle.

b)

F: Wie viele Lose sind es zusammen?

R:

A: Es sind ______ Lose.

c)

F: Wie viele Tannenzapfen sind es insgesamt?

R:

A: Es sind ______ Zapfen.

2 Schreibe Frage, Rechnung und Antwort.

a) Die Kinder der Klasse 2b verkaufen selbstgebackene Kekse. Auf dem Tisch stehen 9 Tüten. In jeder Tüte sind 8 Kekse.

b) Greta, Leni, Tim und Julia wollen Kuchen essen. Jeder kauft sich 2 Stücke.

c) Am Getränkestand gibt es noch 10 Kisten Limo. In jeder Kiste sind 8 Flaschen.

Erfinde eigene Rechengeschichten. Schreibe oder male.

a) $4 \cdot 5 =$

b) $2 \cdot 6 =$

c) $3 \cdot 2 =$

1 Zähle die Körper und schreibe in die Tabelle.

Würfel	
Quader	
Kugel	
Zylinder	

2 Wie sehen die Gebäude von oben aus? Verbinde.

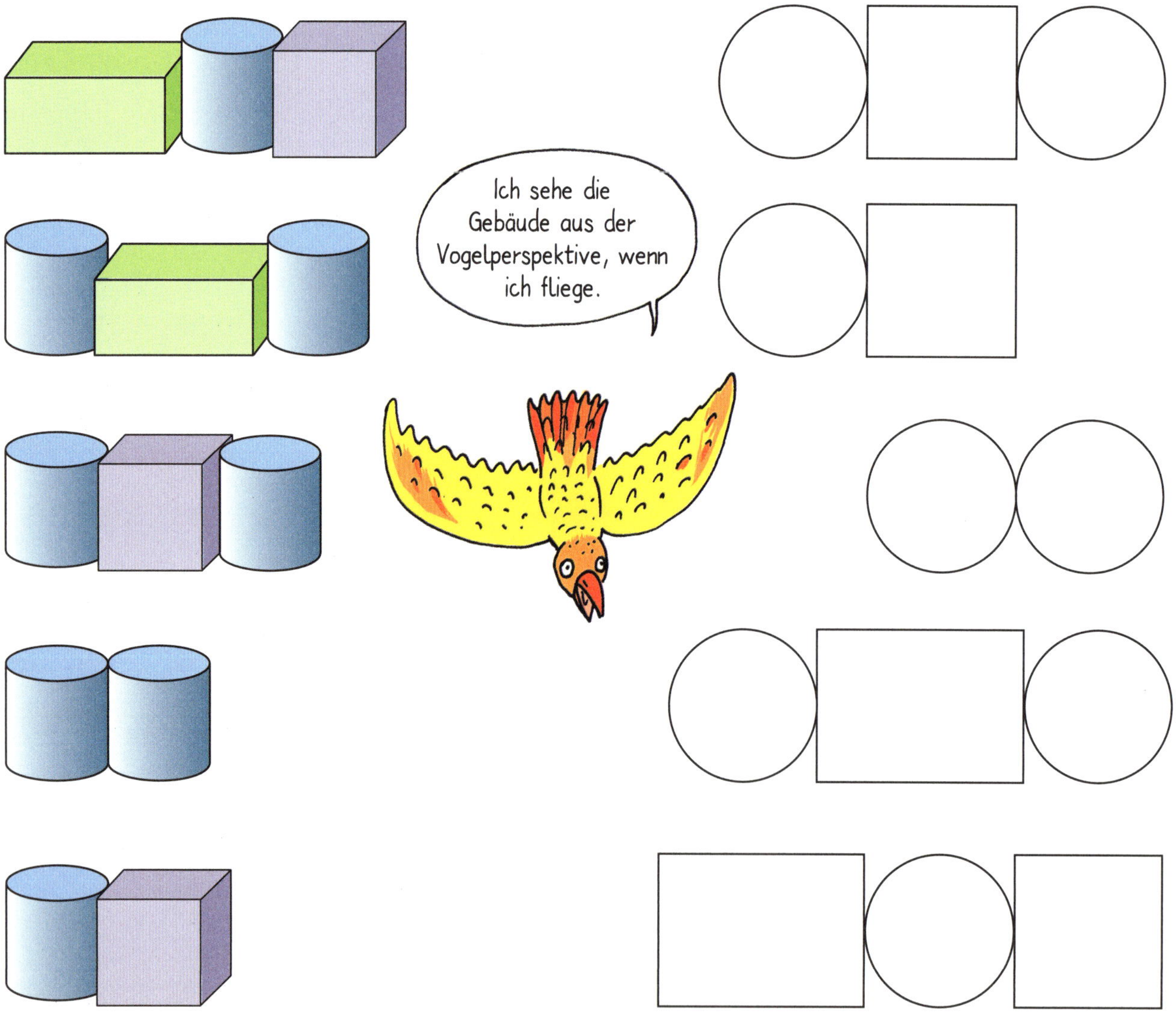

1 Male aus und zähle.

a)

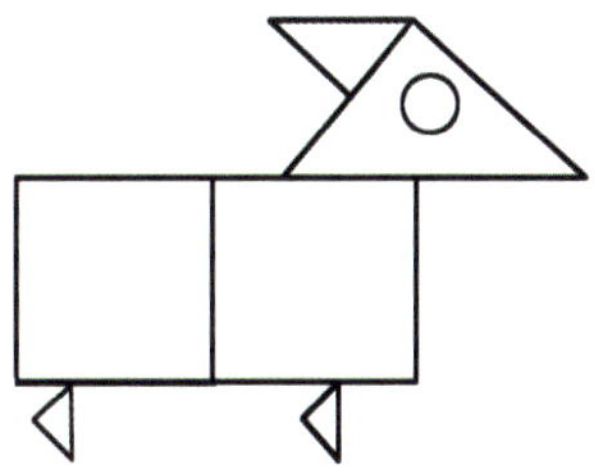

b)

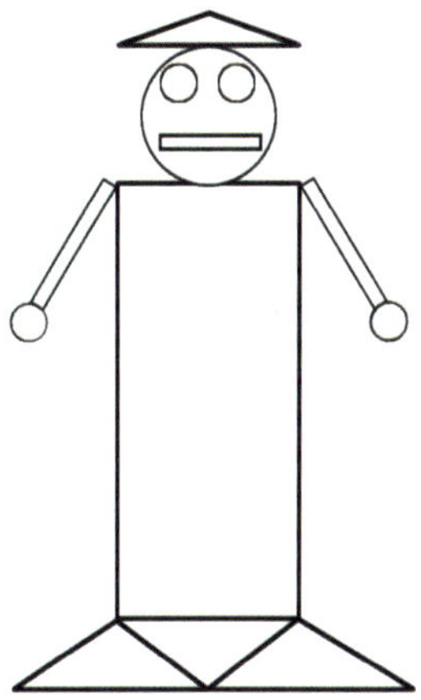

c)

Quadrat	
Kreis	
Rechteck	
Dreieck	

Quadrat	
Kreis	
Rechteck	
Dreieck	

Quadrat	
Kreis	
Rechteck	
Dreieck	

2 Verbinde die Punkte so, dass Flächen entstehen.

a)

Quadrat

b)

c)

d)

3 Finde rechte Winkel und male sie nach.

a)

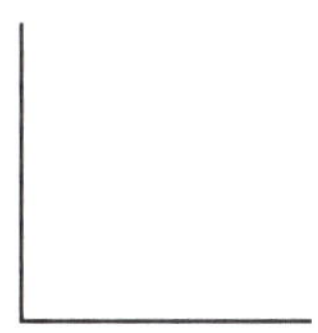

b)

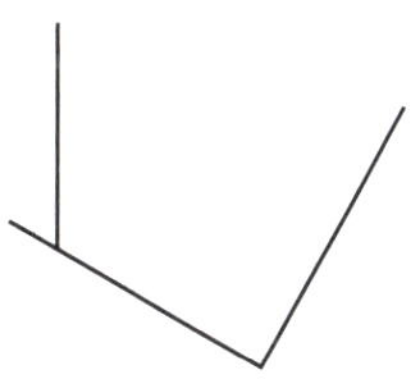

c)

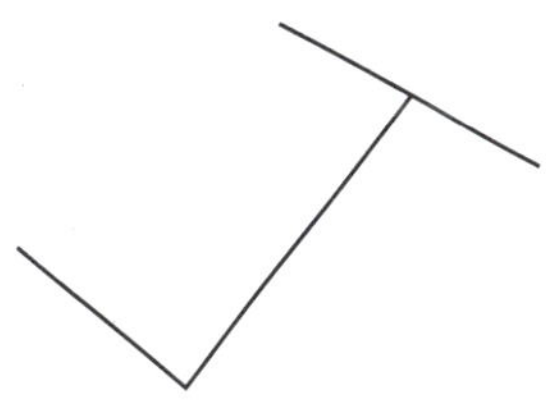

d)

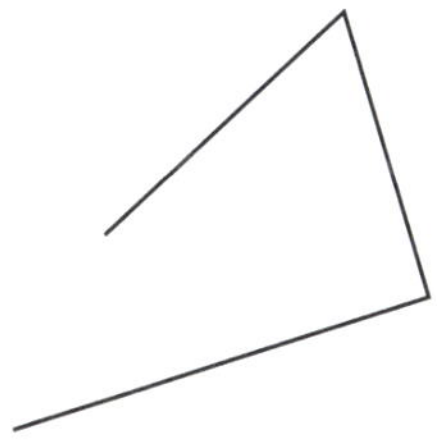

4 Wo gibt es rechte Winkel? Kreuze an.

a)

☐

b)

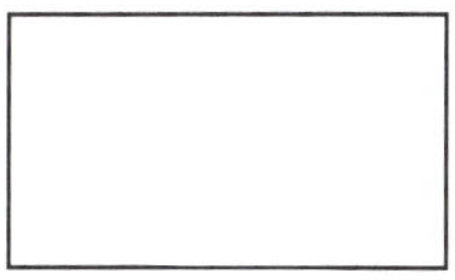

☐

c)

☐

d)

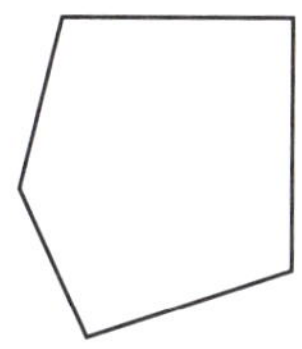

☐

Nachlegen und auslegen

1 Lege nach.

a)

b)

c)

2 Lege nach und zeichne die Formen ein.

a)

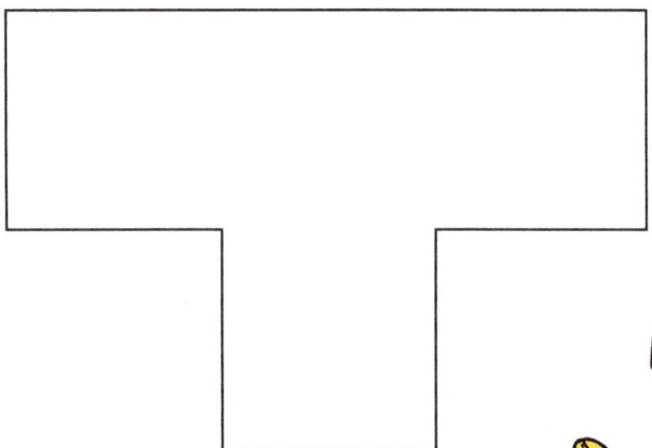

b)

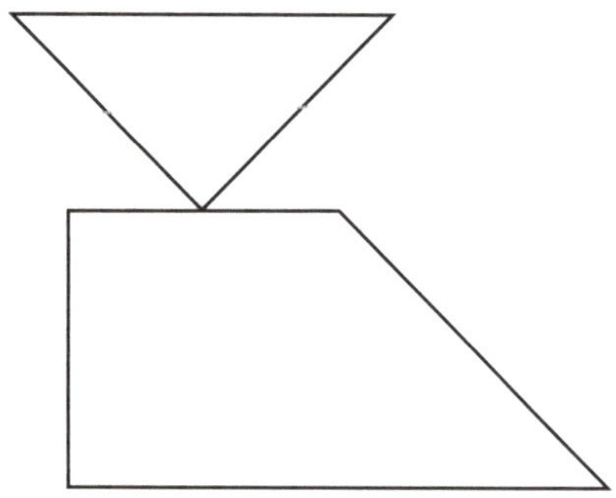

Verwende die Angaben in der Tabelle und zeichne die Formen ein.

	4
	2
	2
	4

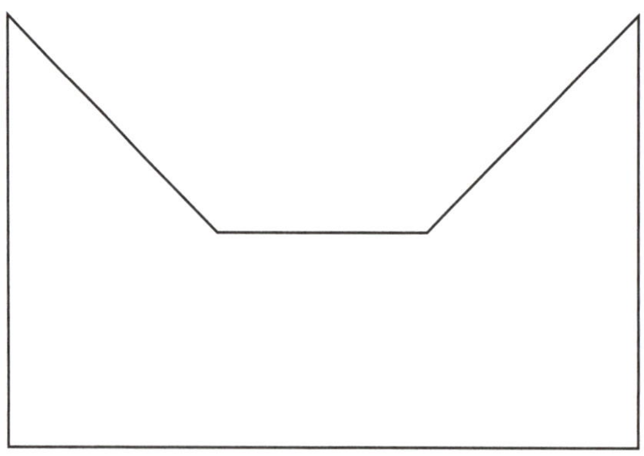

1 Kreise ein.

a)

☐ Sternfänger

b)

☐ Kinder

c)

☐ Bündel

d)

☐ Tüten

2 Schau dir die Geteiltaufgabe an, kreise ein und rechne.

a) 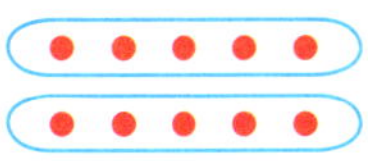

10 : 5 = ☐

b) 

24 : 8 = ☐

c) 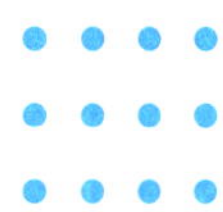

12 : 3 = ☐

d)

28 : 4 = ☐

e) 

8 : 4 = ☐

f) 

50 : 10 = ☐

g)

8 : 8 = ☐

h) 

16 : 4 = ☐

3 Finde Rechnung und Antwort.

a) 

F: Wie viele Äpfel sind es?
R:
A:

b) 

F: Wie viele Bananen sind es?
R:
A:

c) 

F: Wie viele Melonen sind es?
R:
A:

1

Verteile gerecht. Zeichne und schreibe Geteiltaufgaben.

a)

21 : 7 = ______

b)

______

c)

______

d)

______

e)

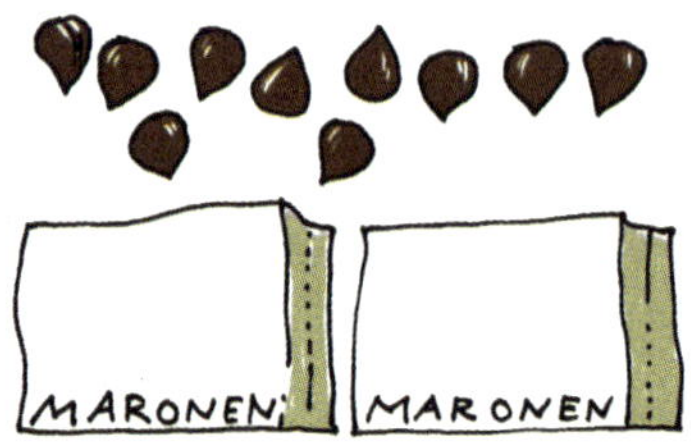

______

f)

______

2

Teile.

a)	b)	c)	d)
18 : 3 = ☐	21 : 3 = ☐	15 : 3 = ☐	14 : 7 = ☐
24 : 4 = ☐	10 : 5 = ☐	6 : 2 = ☐	12 : 4 = ☐
36 : 4 = ☐	8 : 4 = ☐	4 : 2 = ☐	2 : 1 = ☐
20 : 5 = ☐	9 : 3 = ☐	9 : 9 = ☐	30 : 5 = ☐

3

Finde Frage, Rechnung und Antwort.

a) 20 Lakritzschnecken werden an 5 Kinder verteilt.

F:

R:

A:

b) 40 Stifte werden in 4 Federmäppchen verteilt.

c) 6 Kinder teilen sich 60 Bonbons.

d) Aus 15 Perlen werden 3 Ketten gefädelt.

1 Welche Aufgaben passen zusammen? Male in der gleichen Farbe aus.

25 : 5 =	3 · 6 =	27 : 3 =	4 · 8 =
2 · 10 =	20 : 10 =	5 · 5 =	18 : 6 =
49 : 7 =	9 · 3 =	32 : 8 =	7 · 7 =

2 Finde alle Mal- und Geteiltaufgaben.

a)

b)

c)

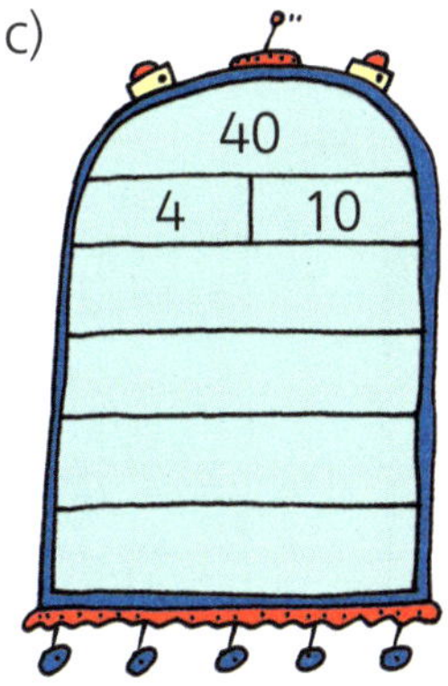

d)

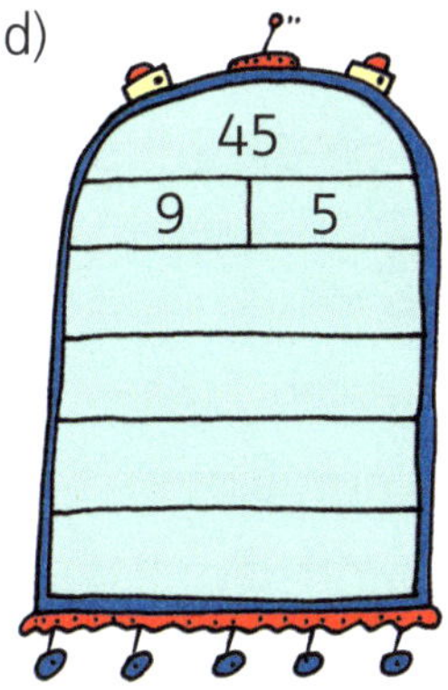

3 Rechne.

a)	b)	c)	d)
4 · 5 =	10 : 1 =	48 : 8 =	54 : 6 =
15 : 3 =	5 · 7 =	2 · 9 =	6 · 9 =
42 : 6 =	50 : 5 =	27 : 3 =	7 · 7 =
16 : 4 =	5 · 9 =	3 · 3 =	81 : 9 =

4 Schreibe die Rechnung auf.

a) Oma Esther verteilt an ihre 5 Enkel 40 Gummibärchen.

b) Annika kauft 3 Bögen mit Aufklebern. Auf jedem Bogen sind 10 Aufkleber.

c) Ole hat 3 Schwestern. Jeder schenkt er 3 Blumen.

1 Stimmt oder stimmt nicht? Kreuze an.

a)

stimmt ☐
stimmt nicht ☐

b)

stimmt ☐
stimmt nicht ☐

c)

stimmt ☐
stimmt nicht ☐

2 Ergänze die fehlenden Zahlen.

a) 8 Kinder essen gerne Käsebrötchen. Insgesamt gibt es 24 Käsebrötchen. Jedes Kind kann ___ Brötchen essen.

b) Auf dem Tisch stehen ___ Stapel mit Tellern. Auf jedem Stapel sind 6 Teller. Zusammen sind es 24 Teller.

c) Mirja hat 5 Gurken in Scheiben geschnitten. Jede Gurke ergibt ___ Scheiben. Zusammen sind es 50 Scheiben.

3 Schreibe eine passende Rechengeschichte zu den Aufgaben.

a) $4 \cdot 7 =$

b) $8 : 2 =$

4 Rechne in zwei Schritten.

a) Alle 10 Kiwis wurden in zwei Stücke geteilt. 12 Kinder haben schon ein Stück gegessen. Wie viele Stücke sind noch übrig?

b) Sophie hat 30 Brötchen mitgebracht. Silas bringt auch 24 Brötchen mit. Sie sollen gerecht an 9 Kinder verteilt werden. Wie viele Brötchen bekommt jedes Kind?

1 Schreibe die passende Geteiltaufgabe. Wie viel bleibt übrig?

a) 

b) 

c) 

2 Verbinde die Aufgaben mit dem richtigen Punktefeld.

45 : 6 = 7 Rest 3	22 : 4 = 5 Rest 2	34 : 7 = 4 Rest 6	27 : 10 = 2 Rest 7

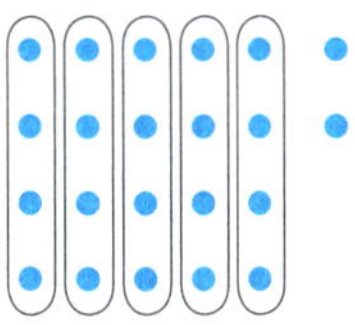
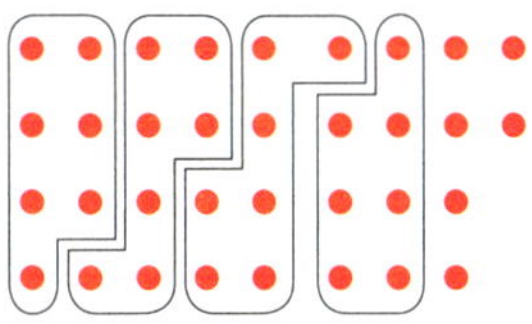
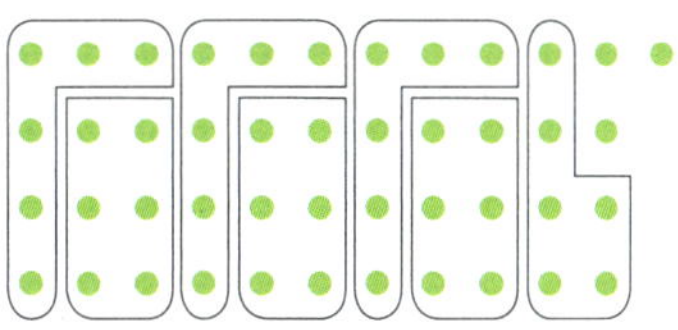
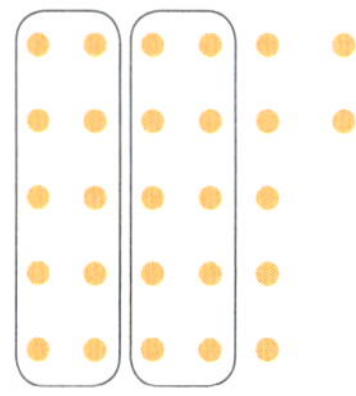

3 Wie viel bleibt übrig? Verbinde und rechne.

Rest 8	Rest 2	Rest 3	Rest 1	Rest 5
31 : 4 =	71 : 9 =	26 : 5 =	29 : 3 =	41 : 6 =

4 Rechne.

a) 37 : 9 = ___ Rest ___
17 : 4 = ___ Rest ___

b) 73 : 9 = ___ Rest ___
66 : 8 = ___ Rest ___

c) 23 : 5 = ___ Rest ___
46 : 9 = ___ Rest ___

5 Teile mit Rest.

a) Greta hat 34 Muscheln gesammelt. Sie bastelt Urlaubskarten. Für jede Karte braucht sie 5 Muscheln. Wie viele Muscheln bleiben übrig?

b) Jannik bringt 47 Äpfel auf den Bauernhof. Er möchte sie gerecht an 10 Schweine verteilen. Wie viele Äpfel bleiben übrig?

1 Dividiere.

a) 45 : 5 = ___
35 : 5 = ___
25 : 5 = ___

b) 60 : 10 = ___
50 : 10 = ___
40 : 10 = ___

c) 4 : 2 = ___
8 : 2 = ___
12 : 2 = ___

d) 49 : 7 = ___
36 : 6 = ___
25 : 5 = ___

2 Dividiere mit Rest.

a) 38 : 7 = ___ Rest ___
25 : 4 = ___ Rest ___
41 : 5 = ___ Rest ___

b) 17 : 10 = ___ Rest ___
24 : 7 = ___ Rest ___
11 : 3 = ___ Rest ___

c) 32 : 6 = ___ Rest ___
22 : 3 = ___ Rest ___
48 : 9 = ___ Rest ___

3 Teile. Mit oder ohne Rest?

a) 42 : 5 = 8 Rest 2
49 : 7 = ___
36 : 4 = ___
26 : 10 = ___

b) 63 : 7 = ___
72 : 9 = ___
18 : 3 = ___
95 : 10 = ___

c) 77 : 8 = ___
63 : 7 = ___
24 : 4 = ___
54 : 6 = ___

4 Ergänze und rechne.

a)
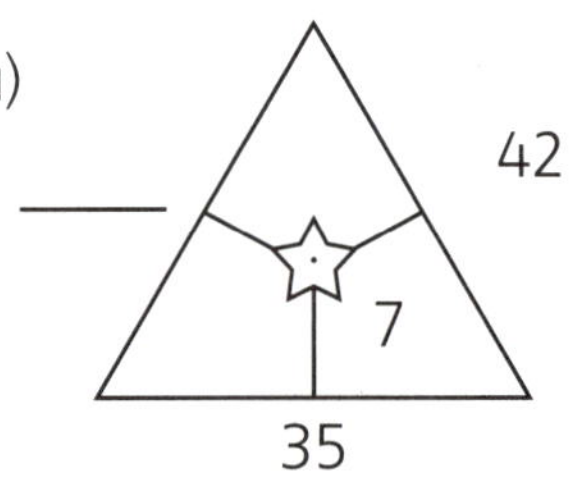

b)
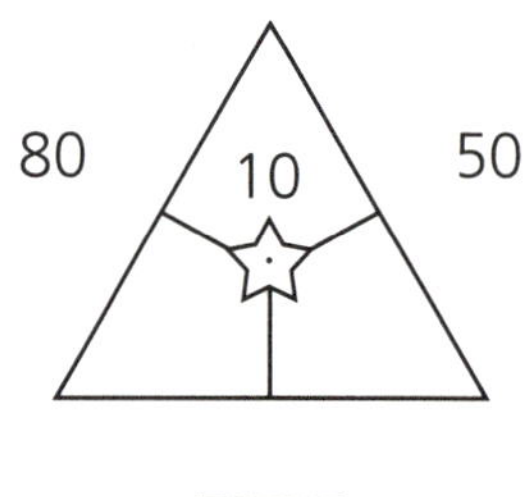

c)
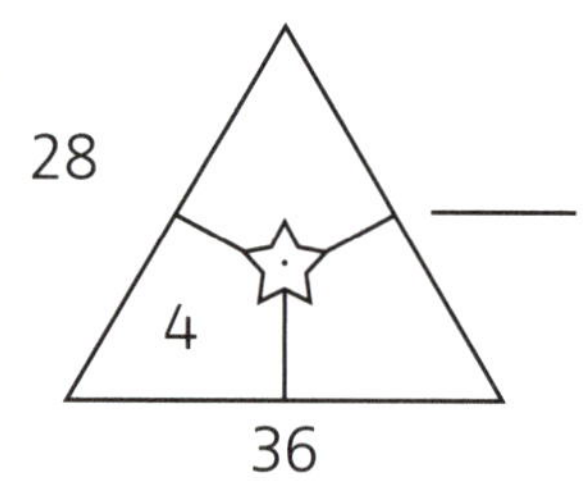

5 Rechne.

a) Opa Helmut verteilt 74 Nüsse an 9 Enkelkinder. Wie viele Nüsse bekommt jeder? Wie viele kann er selbst essen?

b) Malin geht eine Woche lang täglich mit dem Dackel Paul spazieren. Insgesamt ist sie 21 mal mit ihm unterwegs. Wie oft am Tag macht sie mit Paul einen Spaziergang?

1 Rechne.

a) 3 —· 8→ ☐ —: 6→ ☐ —· 9→ ☐ —: 6→ ☐ —· 1→ ☐ —: 3→ ☐ —· 7→ ☐

b) ☐ —· 6→ 30 —: 3→ ☐ —: 5→ ☐ —→ 2 —· 9→ ☐ —→ 6 —→ 36

c) ☐ —: 4→ 5 —· 6→ ☐ —: 10→ ☐ —→ 27 —→ 9 —→ 81 —: 9→ ☐

2 Rechne.

a)

·	4	5	8
2			
7			
6			

b)

·	5		
3		18	
	30		
9			63

c)

·		7	2
8	80		
	40		
			6

3 Rechne und ergänze.

a) : 3

27	
15	
9	
3	

b) : 7

14	
49	
63	
56	

c) : 4

	7
4	
	8
36	

d) : 8

48	
32	
	8
	2

e) · 5

	15
4	
	35
9	

f) · 9

	27
	54
4	
10	

g) ☐

36	
18	3
24	
42	

h) ☐

7	14
	2
	20
	16

4 Ergänze passende Rechenzeichen.

a) 6 ◯ 9 = 54 b) 72 ◯ 9 = 8 c) 10 ◯ 5 = 5 d) 15 ◯ 3 = 5

42 ◯ 7 = 35 25 ◯ 9 = 34 4 ◯ 2 = 2 6 ◯ 2 = 12

Rechenstrategien - Addieren

1 Rechne wie Anton.

a) 17 + 46 =

b) 63 + 18 =

2 Rechne wie Harun.

a) 42 + 29 =

b) 21 + 67 =

3 Rechne wie Maja.

a) 52 + 29 =

b) 78 + 14 =

4 Wähle einen Rechenweg und rechne.

a) 75 + 18 =

b) 68 + 25 =

c) 48 + 48 =

5 Schreibe Frage, Rechnung und Antwort.

a) Lilly hat 27 € gespart. Von Tante Claudia bekommt sie 15 € geschenkt.

b) Felix verkauft am Flohmarkt sein Fahrrad für 25 €. Für seine CDs bekommt er 16 €.

F:

R:

A:

1 Rechne und ergänze.

a)

b)

c)

d)

2 Rechne und ergänze.

a)

+	17	34	29
18			
45			
36			

b)

+	38		
33		65	
55			
44			79

c)

+	26	48	39
	51		
		76	
			58

3 Rechne.

a)
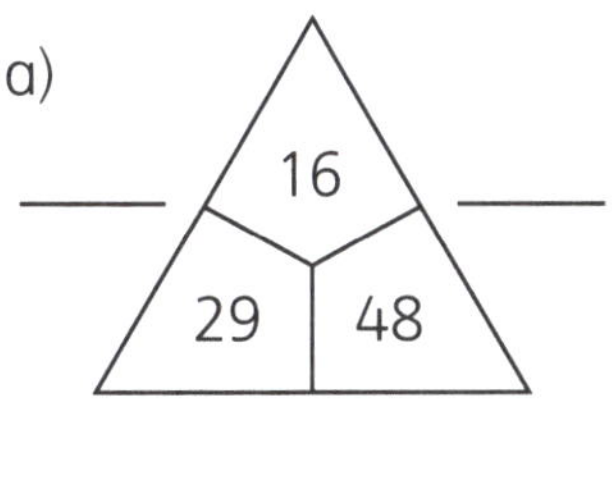

b)
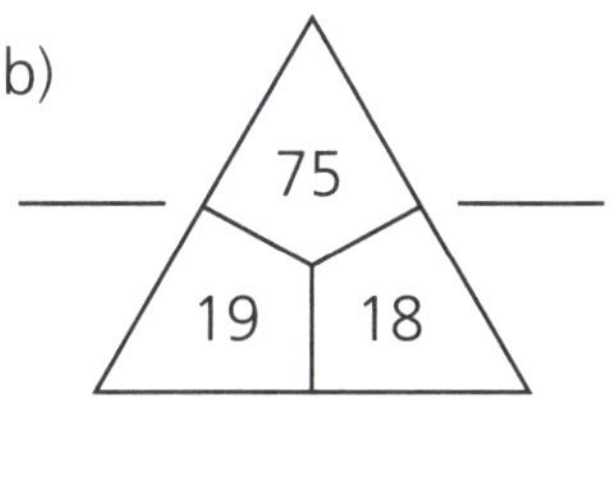

c)
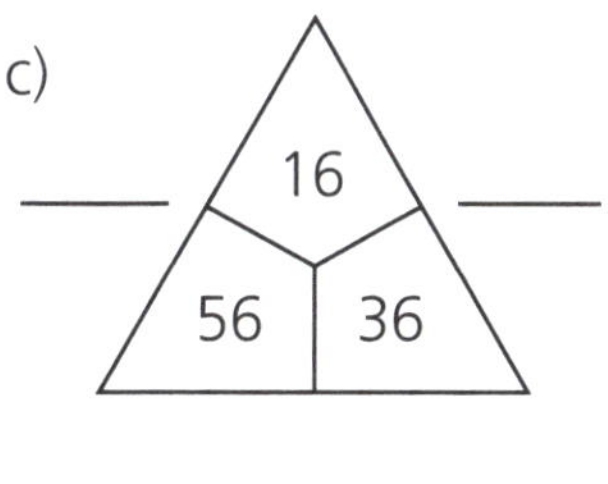

d)
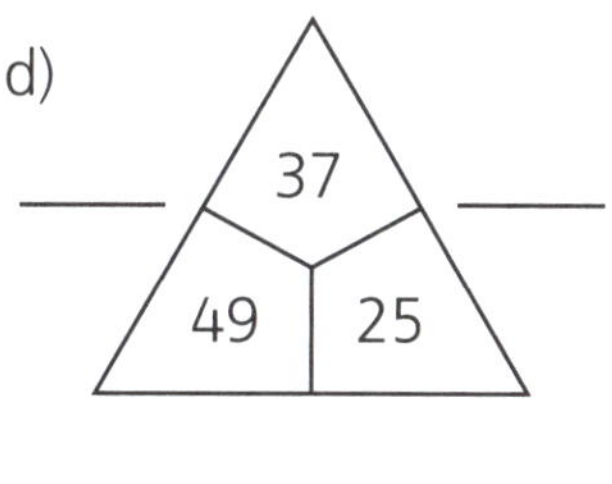

4 Rechne.

a)

b)

c)

d)

e)

f)

g)
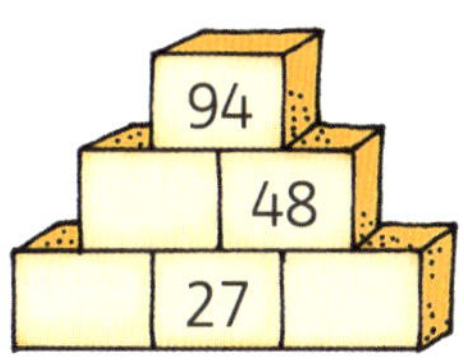

h)

1 Rechne wie Anton.

a) 61 – 56 =

b) 42 – 24 =

2 Rechne wie Harun.

a) 77 – 28 =

b) 54 – 17 =

3 Wähle einen Rechenweg und rechne.

a) 83 – 36 =

b) 47 – 39 =

c) 65 – 28 =

4 Rechne und setze fort.

a) 33 – 19 = ___
44 – 19 = ___
___ – ___ = ___
___ – ___ = ___

b) 65 – 18 = ___
54 – 18 = ___
___ – ___ = ___
___ – ___ = ___

c) 72 – 23 = ___
62 – 24 = ___
___ – ___ = ___
___ – ___ = ___

5 Schreibe Frage, Rechnung und Antwort.

a) Laura hat 35 Kieselsteine gesammelt. 18 davon hat sie bemalt.

F:

R:

A:

b) In der Klassenbücherei gibt es 75 Bücher. 26 Bücher sind gerade ausgeliehen.

1 Rechne und ergänze.

a) −48

92	
64	
76	
57	

b) −27

43	
66	
51	
35	

c)

57	29
	46
71	
95	

d) −25

	38
	27
	54
	46

2 Rechne und ergänze.

a) +35, −43

38		
27		
19		
46		

b)

72	43	
	30	66
93		
	24	

3 Rechne.

a)

–	17	58	36
83			
62			
94			

b)

–	25		32
	58		
71		22	
	49		

c)

–	38		
62		36	
76			47
42			

4 Setze <, > oder = ein.

a) 71 – 42 ◯ 32
53 – 18 ◯ 16

b) 58 – 27 ◯ 31
79 – 68 ◯ 11

c) 63 – 47 ◯ 9
44 – 26 ◯ 11

5 Denke dir passende Aufgaben aus.

a) Das Ergebnis ist kleiner als 70 und größer als 60.

____

b) Das Ergebnis ist kleiner als 100 und größer als 70.

____

c) Das Ergebnis liegt zwischen 10 und 30.

____

1 Was gehört zusammen? Male in der gleichen Farbe aus.

a) 

b) 

c) 

Wie viele Zuckeräpfel sind es zusammen?

Wie viele Wunderblumen gibt es insgesamt?

Wie viele Kinder passen in die Berg- und Tal- Bahn?

Wie lange ist die Berg- und Tal- Bahn unterwegs?

Wie viele Zuckeräpfel in grün wurden verkauft?

23 + 28 =

6 · 8 =

4 · 3 =

2 Wie rechnest du? Kreuze an und rechne.

a) Marta hat 45 Murmeln. An der Losbude gewinnt sie 25 weitere dazu.

45 – 25 =

45 + 25 =

b) Das Riesenrad hat 6 Gondeln. In jede Gondel passen 4 Kinder.

6 + 4 =

6 · 4 =

c) 14 Kinder sitzen in der Geisterbahn. 15 Kinder stehen noch in der Schlange.

14 + 15 =

15 – 14 =

3 Rechne.

a) In die Geisterbahn passen 36 Kinder. Nur 12 Plätze sind besetzt.

b) Beim Dosenwerfen hat Silas 17 Dosen umgeworfen. 18 Dosen sind stehen geblieben.

c) Hannes möchte sich einen Teddy für 12 € kaufen, Ina einen Clown für 17 €. Sie haben 30 €.

Kleiner, größer oder gleich?

1 Sortiere der Größe nach und beginne mit der kleinsten Zahl.

a) 61 4 37 67 91 19

b) 15 10 43 22 74 84

2 Sortiere der Größe nach und beginne mit der größten Zahl.

a) 25 76 34 52 9 99

b) 66 51 67 34 7 95

3 Vergleiche.

a)	b)	c)	d)
34 ◯ 52	71 ◯ 28	91 ◯ 9	84 ◯ 36
21 ◯ 43	36 ◯ 54	68 ◯ 94	33 ◯ 15
78 ◯ 44	88 ◯ 69	55 ◯ 33	27 ◯ 93

4 Finde passende Zahlen.

a)	b)	c)	d)
24 > ☐	☐ > 53	81 > ☐	☐ < 38
48 < ☐	☐ > 71	44 < ☐	☐ > 11
99 > ☐	☐ < 16	73 > ☐	☐ < 25

5 Setze <, > oder = ein.

a)	b)	c)	d)
74 – 38 ◯ 36	26 + 67 ◯ 87	59 – 43 ◯ 10	53 + 17 ◯ 61
47 – 28 ◯ 18	31 + 18 ◯ 20	77 – 19 ◯ 60	29 + 44 ◯ 73
66 + 23 ◯ 24	89 + 5 ◯ 95	83 – 38 ◯ 45	78 – 59 ◯ 29

6 Setze <, > oder = ein.

a)	b)	c)	d)
8 · 4 ◯ 37	4 · 4 ◯ 16	9 · 6 ◯ 48	3 · 4 ◯ 24
5 · 2 ◯ 12	9 · 3 ◯ 30	3 · 10 ◯ 52	4 · 7 ◯ 42
6 · 3 ◯ 32	7 · 2 ◯ 11	5 · 9 ◯ 72	9 · 8 ◯ 64

Bauen und zählen

1 Baue nach. Verbinde die Gebäude mit passenden Malaufgaben, und rechne.

a) 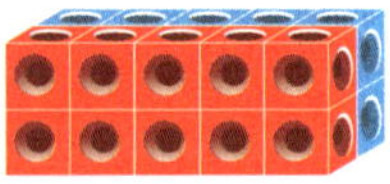

b) 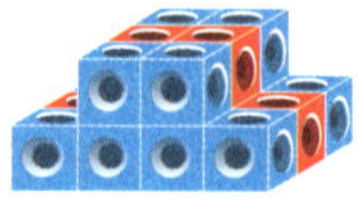

c) 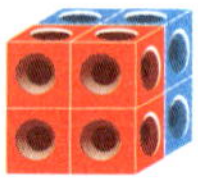

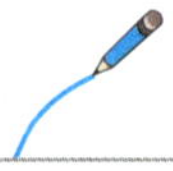

$3 \cdot 6 =$

$2 \cdot 4 =$

$2 \cdot 10 =$

d) 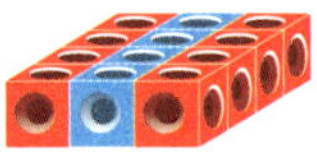

e) 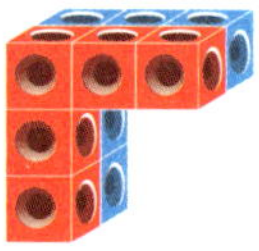

f) 

$3 \cdot 4 =$

$1 \cdot 7 =$

$2 \cdot 5 =$

Was hat sich geändert? Markiere die umgelegten Würfel.

a) 

b) 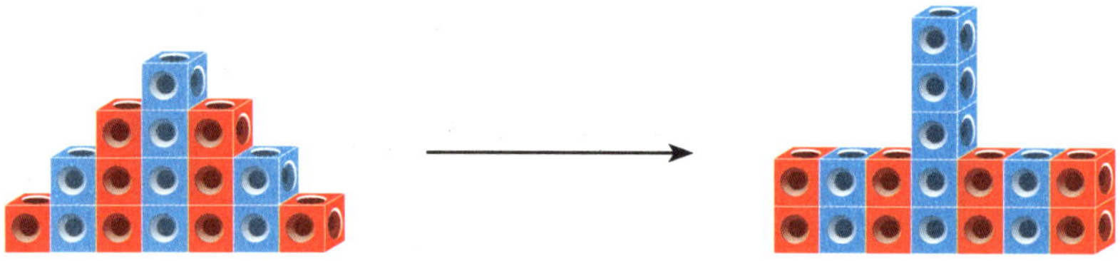

Setze fort.

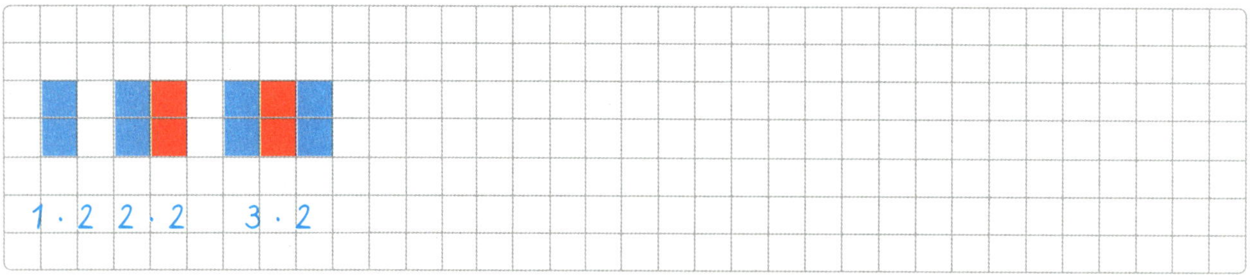

1 Schreibe Baupläne.

a)

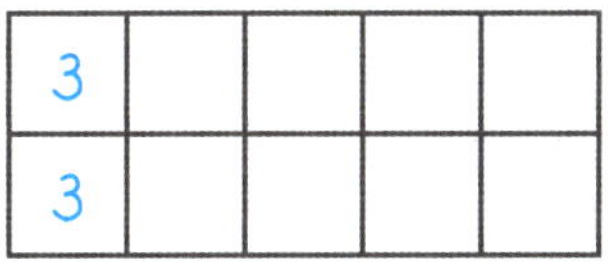

b)

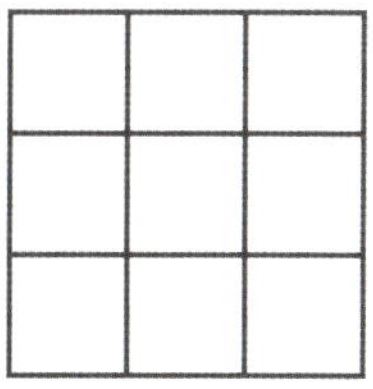

c)

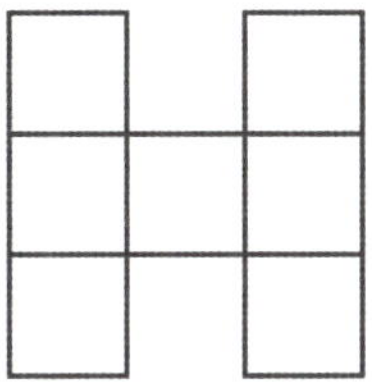

d)
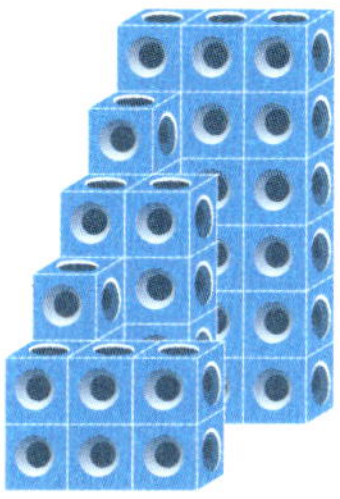
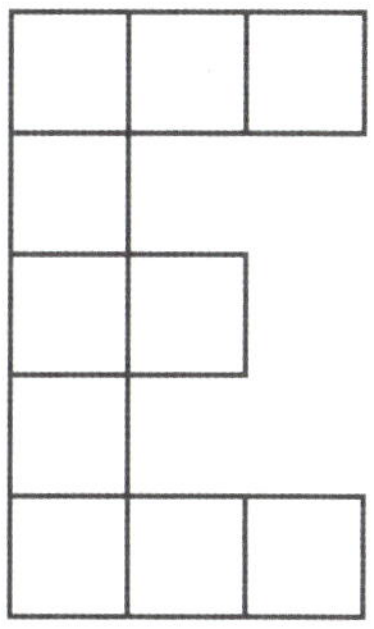

2 Jedes Gebäude besteht aus 15 Würfeln. Baue und Zeichne Pläne.

a)
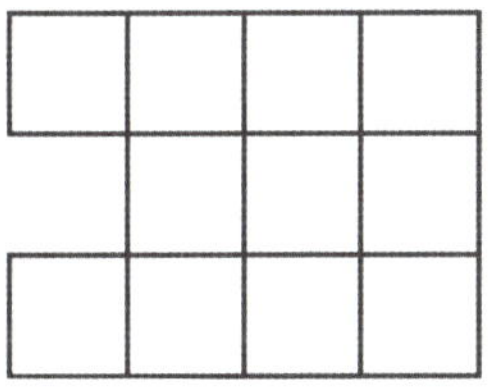

b)
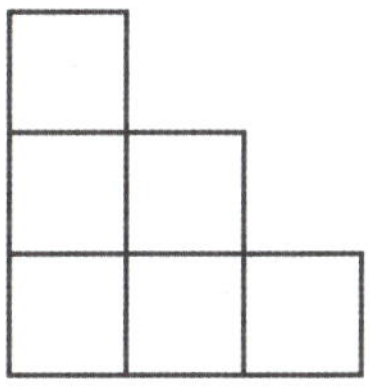

c)
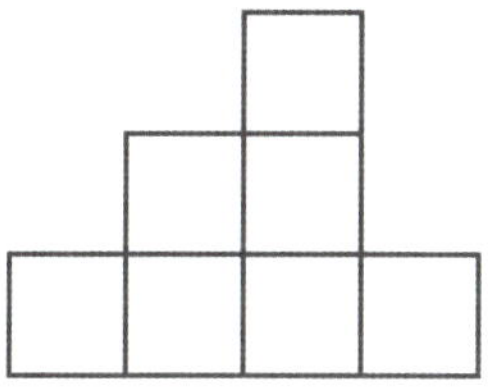

3 Jedes Gebäude besteht aus 18 Würfeln. Baue und zeichne verschiedene Pläne.

a)
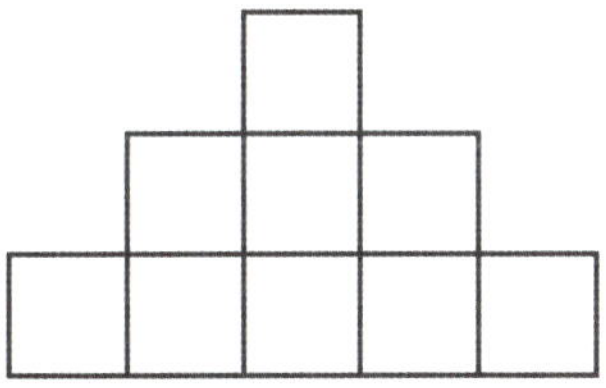

b)
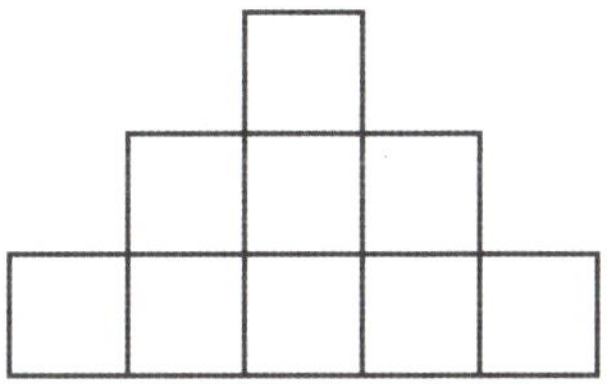

c)
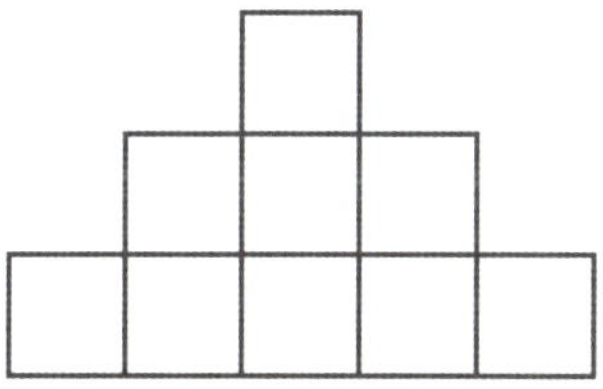

4 Zeichne Pläne für eine Burg und einen Turm.

a) Burg
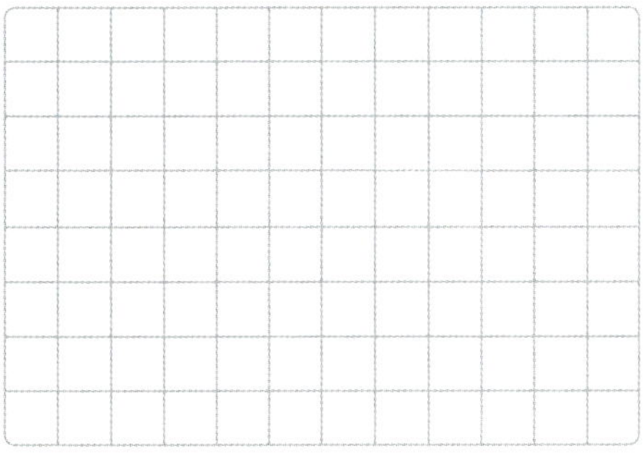

b) Turm
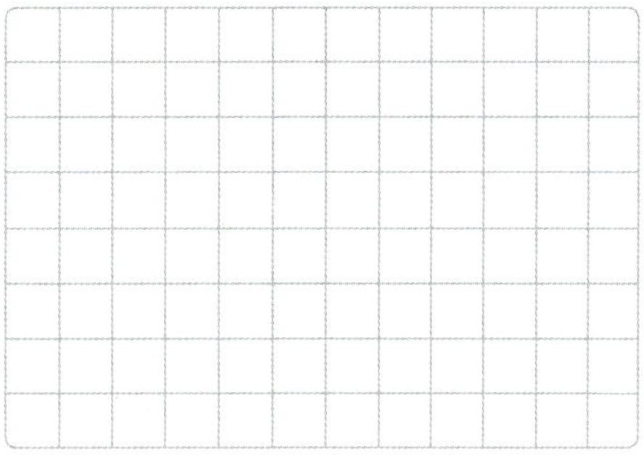

Die Uhr - viertel und halb

1 Verbinde passend.

a) 
b) 
c) 
d) 

Viertel vor | Viertel nach | halb

e) 
f) 
g) 
h) 

2 Zeichne die Uhrzeiten ein.

a) 
Viertel vor 4

b) 
halb 8

c) 
Viertel nach 6

d) 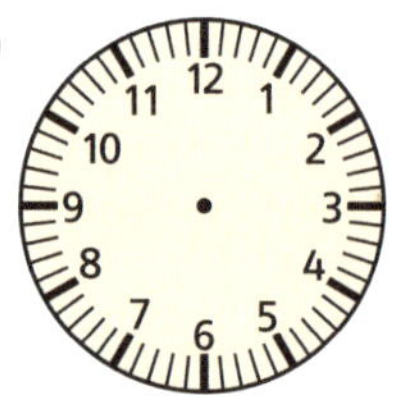
halb 9

e) 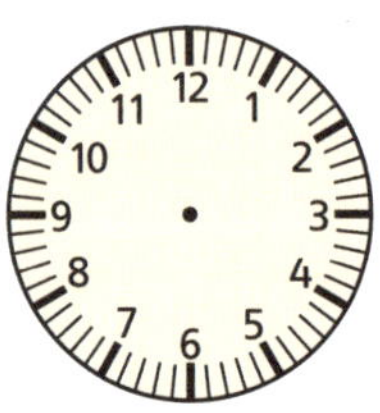
2 Uhr

f) 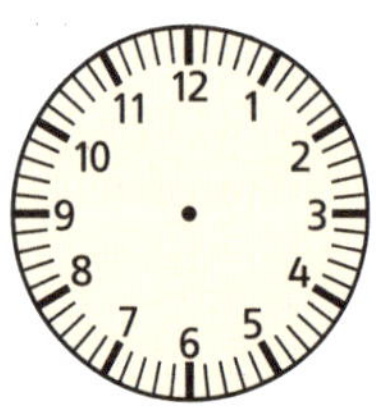
Viertel nach 2

g) 
halb 5

h) 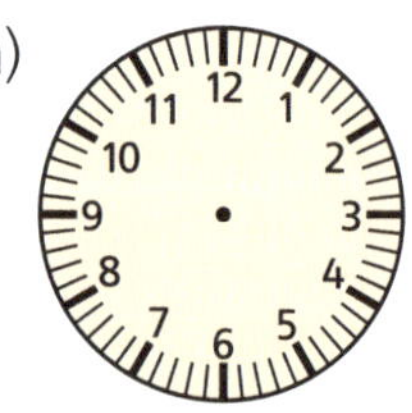
Viertel vor 11

3 Wie spät ist es?

a) 
____

b) 
____

c) 
____

d) 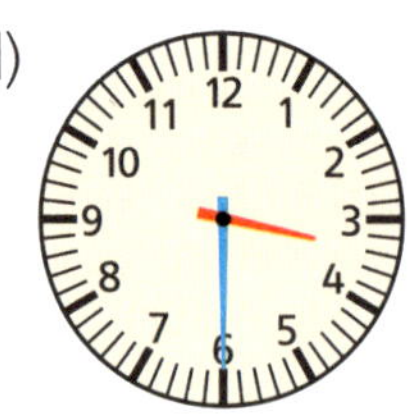
____

1 Schreibe beide Uhrzeiten auf.

a) 

b) 

c) 

d) 

e) 

f) 

g) 

h) 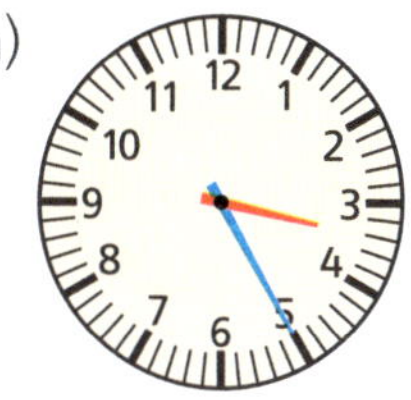

2 Verbinde gleiche Uhrzeiten.

a) 

b) 

c) 

d) 

e) 

3 Zeichne die Uhrzeit ein.

a) 

b) 

c) 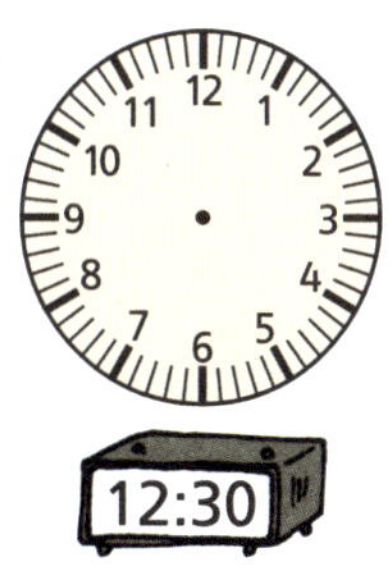

d) 

e) 

f) 

g) 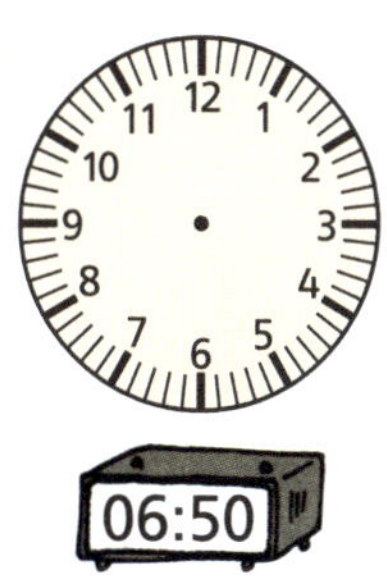

h) 

Wie lange dauert es?

1

Wie viel Zeit ist vergangen?

a) 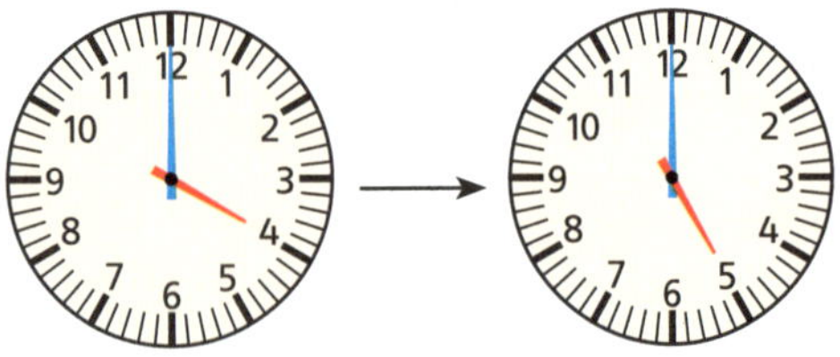

b) 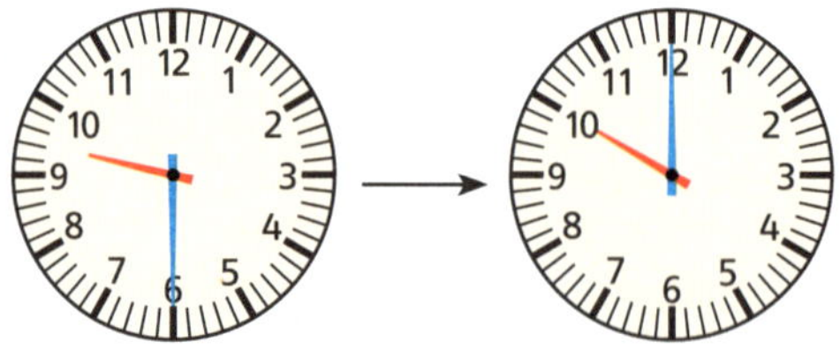

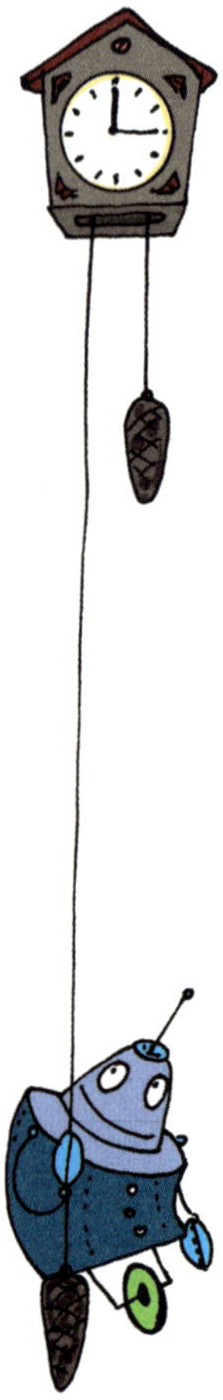

c) 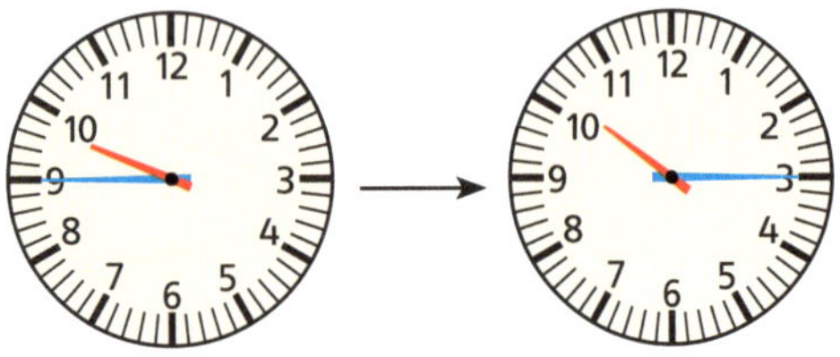

d) 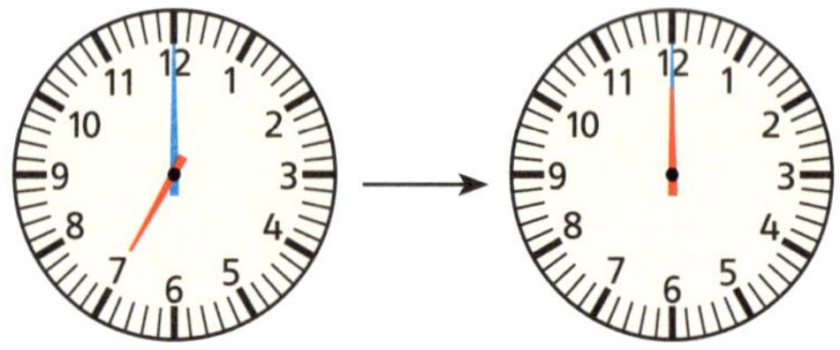

e) 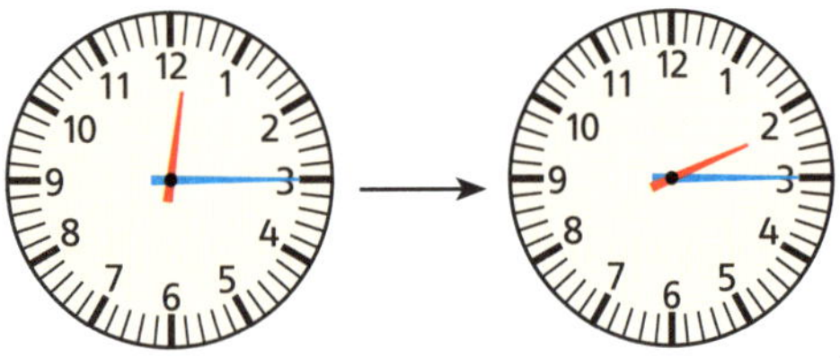

f) 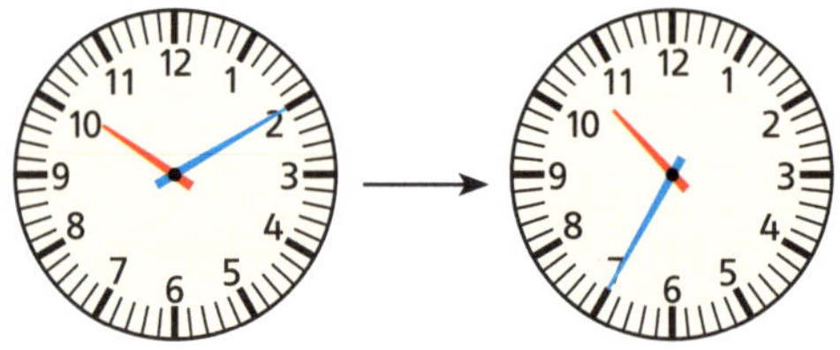

2

Wie viel Uhr ist es jetzt? Zeichne Zeiger ein.

a)  30 Minuten später → 

b)  2 Stunden später → 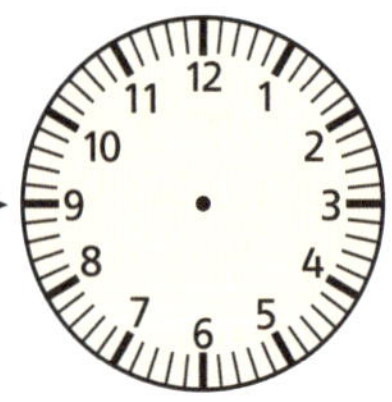

c)  4 Stunden später → 

d)  6 Stunden später → 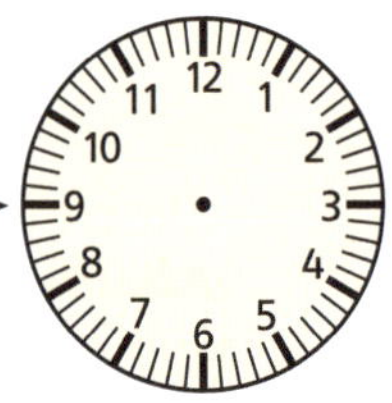

e)  45 Minuten später → 

f)  30 Minuten später → 

1 Ergänze immer das fehlende Datum.

das kurze Datum	das lange Datum
	21. Dezember
1. 1.	
15.10.	
	23. Juli
14. 9.	
	25. August
8. 2.	

2 Benutze den Kalender.

Juni						
Mo	Die	Mi	Do	Fr	Sa	So
			1	2	3	4
5	6	Tisch-tennis 7	8	9	10	ESSEN bei Oma + Opa 11
12	13	Tisch-tennis 14	15	16	17	18
PAPA ♥ Geburtstag 19	20	Tisch-tennis 21	22	Mamas Geburtstag ♥ 23	24	ESSEN bei Oma + Opa 25
26	27	Tisch-tennis 28	29	URLAUB Ostsee! 30		

a) Beantworte die Fragen.

b) Trage im Kalender ein.

13. Juni
Klasse 2c
Lesenacht

24. Juni
Claudia
Geburtstag

2. Juni
Anne
Zahnarzt

16. Juni
Zeugnisse

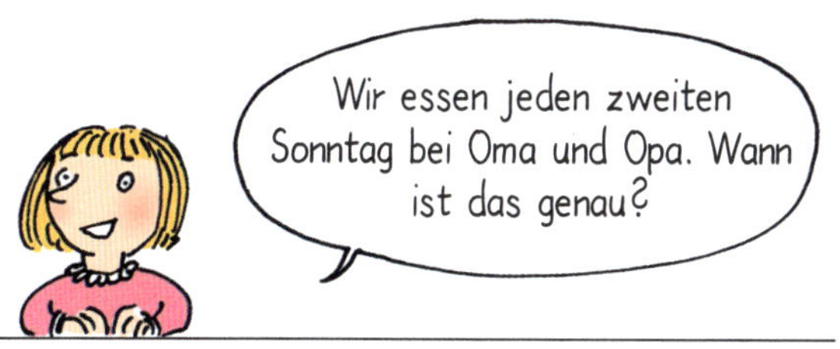

69 Aus der Zeitung

1 Was kann stimmen? Kreuze an.

a)

b)

c)

URLAUB - 3 Wochen Spanien mit Flug und Hotel für nur 3 €! Heute buchen.

URLAUB - 3 Tage in Berlin mit Flug und Hotel für nur 99 €!

URLAUB - 7 Tage Urlaub an der Nordsee, nur 17 €!

Finde Rechengeschichten.

a)

KLAVIERSTUNDE
Privat
1 Stunde / Woche 15 €
2 Stunden / Woche 25 €
Tel. 48397

b)

EINSCHULUNG AUGUST
Die Waldschule schult im August 75 Kinder ein.
Sie kommen in drei verschiedene Klassen.